JN011304

目ひょう時間 ⏱ **20分**

学習した日　　　月　　　日

名前

とく点

／100点

1301
解説→169ページ

---

❶ 下の図は九九の表の一部で、★でかくれた数を次の考え方でもとめます。□にあてはまる数やことばを書きましょう。

【全部できて16点】

	1	2	3	4	5	6	7
8	8	16	24	32	★	48	56

8　8　8　8

(1) 8のだんでは、かける数が1ふえると

答えは□だけ大きくなります。

32＋8＝★

(2) 8のだんでは、かける数が1へると

答えは□だけ□なります。

48－8＝★

(3) かけられる数とかける数を入れかえても

答えは□になります。

8×5＝□×8＝★

(1)～(3)から、★でかくれた数は□とわかります。

---

❷ 次の□にあてはまる数を書きましょう。

1つ5点【60点】

(1) $3×5=3×4+$□

(2) $7×7=7×6+$□

(3) $6×9=6×$□$+6$

(4) $8×8=8×$□$+8$

(5) $2×7=2×8-$□

(6) $5×8=5×9-$□

(7) $6×3=6×$□-6

(8) $9×7=9×$□-9

(9) $1×7=7×$□

(10) $3×4=4×$□

(11) $6×5=$□$×6$

(12) $8×3=$□$×8$

🔄 **次の計算をしましょう。**

1つ4点【24点】

スパイラルコーナー

(1)
```
  3 8
＋7 4
```

(2)
```
  8 5
＋1 6
```

(3)
```
  4 5
＋8 8
```

(4)
```
  3 4 7
＋　6 1
```

(5)
```
    8 1
＋6 1 9
```

(6)
```
  1 5 3
＋　7 8
```

1 かけ算①

目ひょう時間 ⏱ **20分**

📝 学習した日 　　　月　　　日

名前

とく点 ／100点

1301
解説→169ページ

---

❶ 下の図は九九の表の一部で、★でかくれた数を次の考え方でもとめます。□にあてはまる数やことばを書きましょう。

【全部できて16点】

	1	2	3	4	5	6	7
8	8	16	24	32	★	48	56

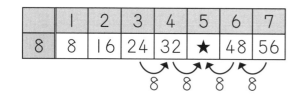
8　8　8　8

(1) 8のだんでは、かける数が1ふえると

答えは □ だけ大きくなります。

32＋8＝★

(2) 8のだんでは、かける数が1へると

答えは □ だけ □ なります。

48－8＝★

(3) かけられる数とかける数を入れかえても

答えは □ になります。

8×5＝ □ ×8＝★

(1)～(3)から、★でかくれた数は □ とわかります。

---

❷ 次の □ にあてはまる数を書きましょう。

1つ5点【60点】

(1) 3×5＝3×4＋□

(2) 7×7＝7×6＋□

(3) 6×9＝6×□＋6

(4) 8×8＝8×□＋8

(5) 2×7＝2×8－□

(6) 5×8＝5×9－□

(7) 6×3＝6×□－6

(8) 9×7＝9×□－9

(9) 1×7＝7×□

(10) 3×4＝4×□

(11) 6×5＝□×6

(12) 8×3＝□×8

🔄 次の計算をしましょう。

1つ4点【24点】

スパイラルコーナー

(1)
```
  3 8
+ 7 4
```

(2)
```
  8 5
+ 1 6
```

(3)
```
  4 5
+ 8 8
```

(4)
```
  3 4 7
+   6 1
```

(5)
```
    8 1
+ 6 1 9
```

(6)
```
  1 5 3
+   7 8
```

① 5×10の計算のしかたを、次のように考えました。

　□ にあてはまる数を書きましょう。　【全部できて8点】

かけ算のきまりより、

5×10は、5×9より

| 5 | … | 35 | 40 | 45 | ? |

（矢印 5　5　5）

□ 大きいので、

5×10＝5×9＋5＝ □

また、かけられる数とかける数を入れかえても答えは同じ

なので、10×5＝ □

② 7×0の計算のしかたを、次のように考えました。

　□ にあてはまる数を書きましょう。　【全部できて8点】

かけ算のきまりより、

7×0は、7×1より

| 7 | ? | 7 | 14 | 21 | … |

（矢印 7　7　7）

□ 小さくなるので、

7×0＝7×1－7＝ □

また、かけられる数とかける数を入れかえても答えは同じ

なので、0×7＝ □

③ 次の計算をしましょう。　1つ5点【60点】

(1) 10×3＝

(2) 10×1＝

(3) 10×7＝

(4) 10×8＝

(5) 6×0＝

(6) 2×0＝

(7) 4×0＝

(8) 5×0＝

(9) 2×10＝

(10) 9×10＝

(11) 0×3＝

(12) 0×8＝

 次の計算をしましょう。　1つ4点【24点】

スパイラル
コーナー

```
(1)     8 3      (2)     1 0 6      (3)     1 3 6
      - 3 7            -   2 9            -   4 3
```

```
(4)     7 5 5    (5)     6 3 4      (6)     9 6 2
      -   2 9          -   7 1            -   8 5
```

2 かけ算②

✎ 学習した日	月	日	とく点
名前			/100点

1302
解説→169ページ

❶ 5×10の計算のしかたを、次のように考えました。

□ にあてはまる数を書きましょう。　【全部できて8点】

かけ算のきまりより、
5×10は、5×9より

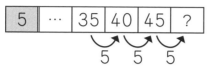

| 5 | … | 35 | 40 | 45 | ? |

□ 大きいので、

5×10＝5×9＋5＝□

また、かけられる数とかける数を入れかえても答えは同じ
なので、10×5＝□

❷ 7×0の計算のしかたを、次のように考えました。

□ にあてはまる数を書きましょう。　【全部できて8点】

かけ算のきまりより、
7×0は、7×1より

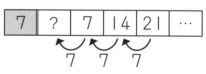

| 7 | ? | 7 | 14 | 21 | … |

□ 小さくなるので、

7×0＝7×1－7＝□

また、かけられる数とかける数を入れかえても答えは同じ
なので、0×7＝□

❸ 次の計算をしましょう。　1つ5点【60点】

(1) 10×3＝

(2) 10×1＝

(3) 10×7＝

(4) 10×8＝

(5) 6×0＝

(6) 2×0＝

(7) 4×0＝

(8) 5×0＝

(9) 2×10＝

(10) 9×10＝

(11) 0×3＝

(12) 0×8＝

🔄 次の計算をしましょう。　1つ4点【24点】

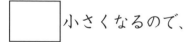
スパイラルコーナー

(1)
```
    8 3
 －  3 7
```

(2)
```
  1 0 6
 －  2 9
```

(3)
```
  1 3 6
 －  4 3
```

(4)
```
  7 5 5
 －  2 9
```

(5)
```
  6 3 4
 －  7 1
```

(6)
```
  9 6 2
 －  8 5
```

目ひょう時間 ⏱ **20分**

✎ 学習した日　　月　　日　　名前　　とく点　／100点

1303
解説→169ページ

① 次のれいを参考に、あとの□にあてはまる数を書きましょう。
1つ2点【8点】

(れい)
$4 × ③ = 12$、 $⑤ × 4 = 20$

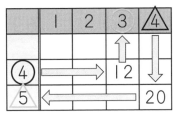

(九九の表)

(1) $4 × \boxed{} = 8$

(2) $\boxed{} × 3 = 6$

(3) $5 × \boxed{} = 5$

(4) $\boxed{} × 4 = 16$

② 次の□にあてはまる数を書きましょう。
1つ4点【40点】

(1) $\boxed{} × 6 = 36$

(2) $\boxed{} × 7 = 21$

(3) $\boxed{} × 5 = 40$

(4) $\boxed{} × 9 = 9$

(5) $\boxed{} × 8 = 56$

(6) $\boxed{} × 1 = 1$

(7) $\boxed{} × 4 = 8$

(8) $\boxed{} × 3 = 18$

(9) $\boxed{} × 6 = 54$

(10) $\boxed{} × 6 = 24$

③ 次の□にあてはまる数を書きましょう。
1つ4点【40点】

(1) $3 × \boxed{} = 6$

(2) $9 × \boxed{} = 45$

(3) $7 × \boxed{} = 63$

(4) $1 × \boxed{} = 5$

(5) $4 × \boxed{} = 32$

(6) $3 × \boxed{} = 9$

(7) $6 × \boxed{} = 30$

(8) $3 × \boxed{} = 12$

(9) $9 × \boxed{} = 63$

(10) $8 × \boxed{} = 48$

🔄 次の計算をしましょう。
1つ2点【12点】

スパイラルコーナー

(1) $(46 + 4) + 27 =$

(2) $15 + (8 + 32) =$

(3) $23 + (17 + 13) =$

(4) $44 + 16 + 36 =$

(5) $63 + 27 + 5 =$

(6) $56 + 7 + 13 =$

③ かけ算③

学習した日　　　月　　　日　　とく点

名前

／100点

1303
解説→169ページ

❶ 次のれいを参考に、あとの□にあてはまる数を書きましょう。

1つ2点【8点】

(れい)

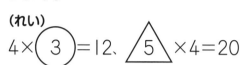
$4×③=12$、$⑤×4=20$

(九九の表)

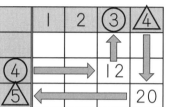

(1) $4×\boxed{}=8$

(2) $\boxed{}×3=6$

(3) $5×\boxed{}=5$

(4) $\boxed{}×4=16$

❷ 次の□にあてはまる数を書きましょう。

1つ4点【40点】

(1) $\boxed{}×6=36$

(2) $\boxed{}×7=21$

(3) $\boxed{}×5=40$

(4) $\boxed{}×9=9$

(5) $\boxed{}×8=56$

(6) $\boxed{}×1=1$

(7) $\boxed{}×4=8$

(8) $\boxed{}×3=18$

(9) $\boxed{}×6=54$

(10) $\boxed{}×6=24$

❸ 次の□にあてはまる数を書きましょう。

1つ4点【40点】

(1) $3×\boxed{}=6$

(2) $9×\boxed{}=45$

(3) $7×\boxed{}=63$

(4) $1×\boxed{}=5$

(5) $4×\boxed{}=32$

(6) $3×\boxed{}=9$

(7) $6×\boxed{}=30$

(8) $3×\boxed{}=12$

(9) $9×\boxed{}=63$

(10) $8×\boxed{}=48$

次の計算をしましょう。

1つ2点【12点】

スパイラルコーナー

(1) $(46+4)+27=$

(2) $15+(8+32)=$

(3) $23+(17+13)=$

(4) $44+16+36=$

(5) $63+27+5=$

(6) $56+7+13=$

1 次の □ にあてはまる数を書きましょう。　1つ2点【44点】

(1) □ ×9＝18

(2) 1× □ ＝4

(3) □ ×8＝24

(4) 3× □ ＝15

(5) □ ×5＝10

(6) 9× □ ＝9

(7) □ ×2＝12

(8) 4× □ ＝28

(9) □ ×1＝8

(10) 5× □ ＝45

(11) □ ×3＝21

(12) 4× □ ＝20

(13) □ ×9＝36

(14) 3× □ ＝18

(15) □ ×7＝7

(16) 8× □ ＝32

(17) □ ×3＝27

(18) 7× □ ＝42

(19) □ ×6＝30

(20) 1× □ ＝8

(21) □ ×3＝18

(22) 1× □ ＝2

2 次の □ にあてはまる数を書きましょう。　1つ3点【36点】

(1) □ ×6＝60

(2) 7× □ ＝0

(3) 9× □ ＝90

(4) □ ×3＝0

(5) □ ×10＝40

(6) □ ×8＝0

(7) 10× □ ＝30

(8) 9× □ ＝0

(9) □ ×10＝70

(10) 5× □ ＝0

(11) 1× □ ＝9

(12) □ ×6＝0

次の計算をしましょう。　1つ5点【20点】

スパイラル
コーナー

(1) 4L6dL＋4dL＝

(2) 8L4dL－6L3dL＝

(3) 3cm6mm＋4cm2mm＝

(4) 2m70cm－1m50cm＝

④ かけ算④

目ひょう時間
🕐
20分

学習した日　　　月　　　日

名前

とく点

／100点

1304
解説→170ページ

❶ 次の □ にあてはまる数を書きましょう。　　1つ2点【44点】

(1) □ ×9＝18

(2) 1× □ ＝4

(3) □ ×8＝24

(4) 3× □ ＝15

(5) □ ×5＝10

(6) 9× □ ＝9

(7) □ ×2＝12

(8) 4× □ ＝28

(9) □ ×1＝8

(10) 5× □ ＝45

(11) □ ×3＝21

(12) 4× □ ＝20

(13) □ ×9＝36

(14) 3× □ ＝18

(15) □ ×7＝7

(16) 8× □ ＝32

(17) □ ×3＝27

(18) 7× □ ＝42

(19) □ ×6＝30

(20) 1× □ ＝8

(21) □ ×3＝18

(22) 1× □ ＝2

❷ 次の □ にあてはまる数を書きましょう。　　1つ3点【36点】

(1) □ ×6＝60

(2) 7× □ ＝0

(3) 9× □ ＝90

(4) □ ×3＝0

(5) □ ×10＝40

(6) □ ×8＝0

(7) 10× □ ＝30

(8) 9× □ ＝0

(9) □ ×10＝70

(10) 5× □ ＝0

(11) 1× □ ＝9

(12) □ ×6＝0

🔁 次の計算をしましょう。　　1つ5点【20点】

スパイラル
コーナー

(1) 4L6dL＋4dL＝

(2) 8L4dL－6L3dL＝

(3) 3cm6mm＋4cm2mm＝

(4) 2m70cm－1m50cm＝

1 次の □ にあてはまる数を書きましょう。　1つ2点【64点】

(1) □×8＝48

(2) 3×□＝27

(3) □×6＝0

(4) 2×□＝16

(5) 1×□＝6

(6) □×3＝24

(7) 4×□＝16

(8) □×2＝20

(9) 6×□＝54

(10) □×1＝3

(11) □×2＝10

(12) □×8＝72

(13) 4×□＝0

(14) 1×□＝2

(15) □×5＝25

(16) 6×□＝42

(17) □×9＝0

(18) 2×□＝2

(19) 9×□＝81

(20) 8×□＝80

(21) 6×□＝6

(22) □×7＝49

(23) 1×□＝0

(24) □×9＝72

(25) □×2＝4

(26) 9×□＝36

(27) 5×□＝35

(28) □×7＝14

(29) □×4＝28

(30) □×5＝50

(31) □×7＝56

(32) 7×□＝42

⟳ 次の計算をしましょう。　1つ6点【36点】

スパイラルコーナー

(1) 600＋500＝

(2) 400＋800＝

(3) 700＋900＝

(4) 900－400＝

(5) 700－600＝

(6) 500－200＝

5 かけ算⑤

 学習した日　　　月　　　日

名前

とく点

／100点

 1305
解説→170ページ

❶ 次の □ にあてはまる数を書きましょう。　　1つ2点【64点】

(1) $\square \times 8 = 48$

(2) $3 \times \square = 27$

(3) $\square \times 6 = 0$

(4) $2 \times \square = 16$

(5) $1 \times \square = 6$

(6) $\square \times 3 = 24$

(7) $4 \times \square = 16$

(8) $\square \times 2 = 20$

(9) $6 \times \square = 54$

(10) $\square \times 1 = 3$

(11) $\square \times 2 = 10$

(12) $\square \times 8 = 72$

(13) $4 \times \square = 0$

(14) $1 \times \square = 2$

(15) $\square \times 5 = 25$

(16) $6 \times \square = 42$

(17) $\square \times 9 = 0$

(18) $2 \times \square = 2$

(19) $9 \times \square = 81$

(20) $8 \times \square = 80$

(21) $6 \times \square = 6$

(22) $\square \times 7 = 49$

(23) $1 \times \square = 0$

(24) $\square \times 9 = 72$

(25) $\square \times 2 = 4$

(26) $9 \times \square = 36$

(27) $5 \times \square = 35$

(28) $\square \times 7 = 14$

(29) $\square \times 4 = 28$

(30) $\square \times 5 = 50$

(31) $\square \times 7 = 56$

(32) $7 \times \square = 42$

 次の計算をしましょう。　　1つ6点【36点】

スパイラル
コーナー

(1) $600 + 500 =$

(2) $400 + 800 =$

(3) $700 + 900 =$

(4) $900 - 400 =$

(5) $700 - 600 =$

(6) $500 - 200 =$

目ひょう時間 **20分**

学習した日　　月　　日　　とく点

名前

／100点

1306
解説→170ページ

❶ 次の□にあてはまる数を書きましょう。　　1つ4点【32点】

(1) $3 \times 5 = 3 \times 4 +$ □

(2) $7 \times 7 = 7 \times 6 +$ □

(3) $6 \times 9 = 6 \times$ □ $+6$

(4) $5 \times 8 = 5 \times 9 -$ □

(5) $6 \times 3 = 6 \times$ □ -6

(6) $9 \times 7 = 9 \times$ □ -9

(7) $1 \times 7 = 7 \times$ □

(8) $3 \times 4 = 4 \times$ □

❷ 次の計算をしましょう。　　1つ2点【24点】

(1) $3 \times 10 =$

(2) $6 \times 10 =$

(3) $10 \times 1 =$

(4) $10 \times 5 =$

(5) $2 \times 10 =$

(6) $4 \times 10 =$

(7) $2 \times 0 =$

(8) $8 \times 0 =$

(9) $3 \times 0 =$

(10) $0 \times 5 =$

(11) $0 \times 7 =$

(12) $0 \times 4 =$

❸ 次の□にあてはまる数を書きましょう。　　1つ2点【44点】

(1) $4 \times$ □ $= 4$

(2) □ $\times 3 = 15$

(3) □ $\times 2 = 14$

(4) $6 \times$ □ $= 0$

(5) $2 \times$ □ $= 12$

(6) $5 \times$ □ $= 40$

(7) $4 \times$ □ $= 36$

(8) □ $\times 2 = 20$

(9) □ $\times 5 = 15$

(10) □ $\times 1 = 7$

(11) □ $\times 8 = 64$

(12) $4 \times$ □ $= 0$

(13) $5 \times$ □ $= 30$

(14) $1 \times$ □ $= 3$

(15) $9 \times$ □ $= 18$

(16) □ $\times 9 = 0$

(17) □ $\times 5 = 35$

(18) $2 \times$ □ $= 2$

(19) $9 \times$ □ $= 81$

(20) □ $\times 10 = 80$

(21) □ $\times 2 = 16$

(22) $6 \times$ □ $= 24$

6 まとめのテスト❶

目ひょう時間
⏱ **20分**

学習した日　　月　　日

名前

とく点

／100点

1306
解説→170ページ

---

❶ 次の□にあてはまる数を書きましょう。　　1つ4点【32点】

(1) $3 \times 5 = 3 \times 4 + \boxed{}$

(2) $7 \times 7 = 7 \times 6 + \boxed{}$

(3) $6 \times 9 = 6 \times \boxed{} + 6$

(4) $5 \times 8 = 5 \times 9 - \boxed{}$

(5) $6 \times 3 = 6 \times \boxed{} - 6$

(6) $9 \times 7 = 9 \times \boxed{} - 9$

(7) $1 \times 7 = 7 \times \boxed{}$

(8) $3 \times 4 = 4 \times \boxed{}$

❷ 次の計算をしましょう。　　1つ2点【24点】

(1) $3 \times 10 =$

(2) $6 \times 10 =$

(3) $10 \times 1 =$

(4) $10 \times 5 =$

(5) $2 \times 10 =$

(6) $4 \times 10 =$

(7) $2 \times 0 =$

(8) $8 \times 0 =$

(9) $3 \times 0 =$

(10) $0 \times 5 =$

(11) $0 \times 7 =$

(12) $0 \times 4 =$

❸ 次の□にあてはまる数を書きましょう。　　1つ2点【44点】

(1) $4 \times \boxed{} = 4$

(2) $\boxed{} \times 3 = 15$

(3) $\boxed{} \times 2 = 14$

(4) $6 \times \boxed{} = 0$

(5) $2 \times \boxed{} = 12$

(6) $5 \times \boxed{} = 40$

(7) $4 \times \boxed{} = 36$

(8) $\boxed{} \times 2 = 20$

(9) $\boxed{} \times 5 = 15$

(10) $\boxed{} \times 1 = 7$

(11) $\boxed{} \times 8 = 64$

(12) $4 \times \boxed{} = 0$

(13) $5 \times \boxed{} = 30$

(14) $1 \times \boxed{} = 3$

(15) $9 \times \boxed{} = 18$

(16) $\boxed{} \times 9 = 0$

(17) $\boxed{} \times 5 = 35$

(18) $2 \times \boxed{} = 2$

(19) $9 \times \boxed{} = 81$

(20) $\boxed{} \times 10 = 80$

(21) $\boxed{} \times 2 = 16$

(22) $6 \times \boxed{} = 24$

7 わり算①

学習した日　　　月　　　日　　とく点

名前

／100点

1307
解説→171ページ

1 ビスケットが10まいあります。5人で同じ数ずつ分けると、1人分は何まいになるか、次の2通りの方ほうでもとめます。　【20点】

(1) ◯に色をぬって、答えをもとめましょう。　（全部できて10点）

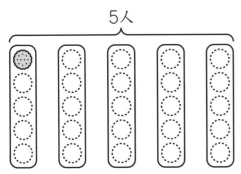

5人

答え（　　　　　　）

(2) 次の九九を使ったもとめ方の　　　にあてはまる数を書き、答えをもとめましょう。　（全部できて10点）

1人分のまい数は、「■×5＝10」の■にあてはまる数です。九九より、　　　×5＝10なので、1人分のまい数は、　　　まいです。

また、上のような同じ数ずつに分けたときの1人分をもとめる式を、　　　÷5＝　　　と書きます。

2 次の計算をしましょう。　1つ4点【64点】

(1) 28÷4＝

(2) 15÷3＝

(3) 12÷2＝

(4) 9÷3＝

(5) 40÷5＝

(6) 16÷4＝

(7) 6÷3＝

(8) 10÷2＝

(9) 35÷5＝

(10) 8÷4＝

(11) 27÷3＝

(12) 45÷5＝

(13) 16÷2＝

(14) 24÷4＝

(15) 25÷5＝

(16) 4÷2＝

🔄 次の　　　にあてはまる数を書きましょう。　1つ4点【16点】
スパイラルコーナー

(1) 7×6＝7×　　　＋7

(2) 4×3＝4×　　　−4

(3) 9×7＝9×6＋　　　

(4) 1×5＝5×

7 わり算①

学習した日　　　月　　　日　｜　とく点

名前

／100点

1307
解説→171ページ

❶ ビスケットが10まいあります。5人で同じ数ずつ分けると、1人分は何まいになるか、次の2通りの方ほうでもとめます。　【20点】

(1) ◯に色をぬって、答えをもとめましょう。　（全部できて10点）

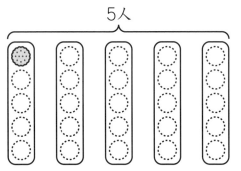

5人

答え（　　　　　）

(2) 次の九九を使ったもとめ方の □ にあてはまる数を書き、答えをもとめましょう。　（全部できて10点）

1人分のまい数は、「■×5＝10」の■にあてはまる数です。九九より、 □ ×5＝10なので、1人分のまい数は、 □ まいです。

また、上のような同じ数ずつに分けたときの1人分をもとめる式を、 □ ÷5＝ □ と書きます。

❷ 次の計算をしましょう。　1つ4点【64点】

(1) 28÷4＝

(2) 15÷3＝

(3) 12÷2＝

(4) 9÷3＝

(5) 40÷5＝

(6) 16÷4＝

(7) 6÷3＝

(8) 10÷2＝

(9) 35÷5＝

(10) 8÷4＝

(11) 27÷3＝

(12) 45÷5＝

(13) 16÷2＝

(14) 24÷4＝

(15) 25÷5＝

(16) 4÷2＝

次の □ にあてはまる数を書きましょう。　1つ4点【16点】

スパイラル
コーナー

(1) 7×6＝7× □ ＋7

(2) 4×3＝4× □ －4

(3) 9×7＝9×6＋ □

(4) 1×5＝5× □

1 次の計算をしましょう。

1つ2点【70点】

(1)　20÷5＝

(2)　12÷4＝

(3)　18÷3＝

(4)　45÷5＝

(5)　6÷3＝

(6)　10÷2＝

(7)　36÷4＝

(8)　5÷5＝

(9)　6÷2＝

(10)　27÷9＝

(11)　8÷4＝

(12)　40÷5＝

(13)　16÷2＝

(14)　3÷3＝

(15)　25÷5＝

(16)　8÷2＝

(17)　24÷4＝

(18)　21÷3＝

(19)　2÷2＝

(20)　35÷5＝

(21)　15÷3＝

(22)　4÷2＝

(23)　32÷4＝

(24)　12÷3＝

(25)　15÷5＝

(26)　18÷2＝

(27)　4÷4＝

(28)　27÷3＝

(29)　14÷7＝

(30)　20÷4＝

(31)　10÷5＝

(32)　24÷3＝

(33)　9÷3＝

(34)　12÷2＝

(35)　16÷4＝

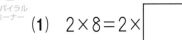 次の□にあてはまる数を書きましょう。

1つ5点【30点】

(1)　$2 \times 8 = 2 \times \boxed{} + 2$

(2)　$5 \times 7 = 5 \times 6 + \boxed{}$

(3)　$8 \times 3 = 8 \times \boxed{} - 8$

(4)　$6 \times 8 = 6 \times 9 - \boxed{}$

(5)　$2 \times 4 = \boxed{} \times 2$

(6)　$4 \times 7 = 7 \times \boxed{}$

17

8 わり算②

目ひょう時間 ⏱ 20分

学習した日　　月　　日

名前

とく点 ／100点

1308
解説→171ページ

❶ 次の計算をしましょう。 　　　　1つ2点【70点】

(1) 20÷5＝

(2) 12÷4＝

(3) 18÷3＝

(4) 45÷5＝

(5) 6÷3＝

(6) 10÷2＝

(7) 36÷4＝

(8) 5÷5＝

(9) 6÷2－

(10) 27÷9＝

(11) 8÷4＝

(12) 40÷5＝

(13) 16÷2＝

(14) 3÷3＝

(15) 25÷5＝

(16) 8÷2＝

(17) 24÷4＝

(18) 21÷3＝

(19) 2÷2＝

(20) 35÷5＝

(21) 15÷3＝

(22) 4÷2＝

(23) 32÷4＝

(24) 12÷3＝

(25) 15÷5＝

(26) 18÷2＝

(27) 4÷4＝

(28) 27÷3＝

(29) 14÷7＝

(30) 20÷4＝

(31) 10÷5＝

(32) 24÷3＝

(33) 9÷3＝

(34) 12÷2＝

(35) 16÷4＝

🔄 次の □ にあてはまる数を書きましょう。 　　1つ5点【30点】

スパイラル
コーナー

(1) 2×8＝2×□＋2

(2) 5×7＝5×6＋□

(3) 8×3＝8×□－8

(4) 6×8＝6×9－□

(5) 2×4＝□×2

(6) 4×7＝7×□

目ひょう時間
⏱ **20**分

✏ 学習した日　　　月　　　日　　とく点

名前

／100点

1309
解説→171ページ

❶ 次の計算をしましょう。　　　　　　　　　1つ3点【66点】

(1) 21÷3＝　　　　　　(2) 10÷5＝

(3) 16÷4＝　　　　　　(4) 12÷2＝

(5) 40÷5＝　　　　　　(6) 3÷3＝

(7) 6÷2＝　　　　　　(8) 20÷4＝

(9) 27÷3＝　　　　　　(10) 10÷2＝

(11) 35÷5＝　　　　　　(12) 12÷4＝

(13) 18÷2＝　　　　　　(14) 6÷3＝

(15) 20÷5＝　　　　　　(16) 4÷4＝

(17) 18÷3＝　　　　　　(18) 16÷2＝

(19) 8÷4＝　　　　　　(20) 12÷3＝

(21) 5÷5＝　　　　　　(22) 14÷2＝

❷ ゆうとさんのクラスには32人います。このクラスを同じ人数ずつ4つのグループに分けます。1グループは何人になりますか。
【全部できて8点】

(式)

答え（　　　　　　）

❸ あめが15こあります。このあめを1人に5こずつ分けると、何人に分けられますか。
【全部できて8点】

(式)

答え（　　　　　　）

🔄 次の□にあてはまる数を書きましょう。　1つ3点【18点】

(1) $4×8＝4×7+\boxed{}$　(2) $5×3＝5×\boxed{}+5$

(3) $9×2＝9×\boxed{}-9$　(4) $3×8＝3×9-\boxed{}$

(5) $7×4＝4×\boxed{}$　(6) $5×6＝\boxed{}×5$

⑨ わり算③

学習した日　　　月　　　日　とく点

名前

／100点

1309
解説→171ページ

❶ 次の計算をしましょう。　1つ3点【66点】

(1) $21 \div 3 =$

(2) $10 \div 5 =$

(3) $16 \div 4 =$

(4) $12 \div 2 =$

(5) $40 \div 5 =$

(6) $3 \div 3 =$

(7) $6 \div 2 =$

(8) $20 \div 4 =$

(9) $27 \div 3 =$

(10) $10 \div 2 =$

(11) $35 \div 5 =$

(12) $12 \div 4 =$

(13) $18 \div 2 =$

(14) $6 \div 3 =$

(15) $20 \div 5 =$

(16) $4 \div 4 =$

(17) $18 \div 3 =$

(18) $16 \div 2 =$

(19) $8 \div 4 =$

(20) $12 \div 3 =$

(21) $5 \div 5 =$

(22) $14 \div 2 =$

❷ ゆうとさんのクラスには32人います。このクラスを同じ人数ずつ4つのグループに分けます。1グループは何人になりますか。　【全部できて8点】

(式)

答え(　　　　　　)

❸ あめが15こあります。このあめを1人に5こずつ分けると、何人に分けられますか。　【全部できて8点】

(式)

答え(　　　　　　)

🔄 次の □ にあてはまる数を書きましょう。　1つ3点【18点】

スパイラルコーナー

(1) $4 \times 8 = 4 \times 7 + \boxed{}$

(2) $5 \times 3 = 5 \times \boxed{} + 5$

(3) $9 \times 2 = 9 \times \boxed{} - 9$

(4) $3 \times 8 = 3 \times 9 - \boxed{}$

(5) $7 \times 4 = 4 \times \boxed{}$

(6) $5 \times 6 = \boxed{} \times 5$

目ひょう時間 20分

学習した日　　月　　日　　とく点

名前

／100点

1310
解説→172ページ

① 次の計算をしましょう。

1つ2点【70点】

(1) $24 \div 6 =$

(2) $14 \div 7 =$

(3) $27 \div 9 =$

(4) $8 \div 8 =$

(5) $63 \div 7 =$

(6) $40 \div 8 =$

(7) $36 \div 6 =$

(8) $72 \div 9 =$

(9) $56 \div 8 =$

(10) $12 \div 6 =$

(11) $49 \div 7 =$

(12) $45 \div 9 =$

(13) $18 \div 6 =$

(14) $28 \div 7 =$

(15) $64 \div 8 =$

(16) $9 \div 9 =$

(17) $72 \div 8 =$

(18) $35 \div 7 =$

(19) $54 \div 9 =$

(20) $54 \div 6 =$

(21) $32 \div 8 =$

(22) $18 \div 9 =$

(23) $48 \div 6 =$

(24) $7 \div 7 =$

(25) $21 \div 7 =$

(26) $48 \div 8 =$

(27) $30 \div 6 =$

(28) $81 \div 9 =$

(29) $56 \div 7 =$

(30) $16 \div 8 =$

(31) $63 \div 9 =$

(32) $6 \div 6 =$

(33) $42 \div 7 =$

(34) $36 \div 9 =$

(35) $24 \div 8 =$

 次の ☐ にあてはまる数を書きましょう。

1つ5点【30点】

(1) $7 \times 6 = 7 \times 7 - \boxed{}$

(2) $5 \times 9 = \boxed{} \times 5$

(3) $6 \times 5 = 6 \times 4 + \boxed{}$

(4) $8 \times 6 = 8 \times \boxed{} - 8$

(5) $3 \times 7 = 7 \times \boxed{}$

(6) $2 \times 5 = 2 \times \boxed{} + 2$

10 わり算④

| 学習した日 | 月 | 日 | とく点 |

名前

／100点

1310 解説→172ページ

❶ 次の計算をしましょう。

1つ2点【70点】

(1) $24 \div 6 =$

(2) $14 \div 7 =$

(3) $27 \div 9 =$

(4) $8 \div 8 =$

(5) $63 \div 7 =$

(6) $40 \div 8 =$

(7) $36 \div 6 =$

(8) $72 \div 9 =$

(9) $56 \div 8 =$

(10) $12 \div 6 =$

(11) $49 \div 7 =$

(12) $45 \div 9 =$

(13) $18 \div 6 =$

(14) $28 \div 7 =$

(15) $64 \div 8 =$

(16) $9 \div 9 =$

(17) $72 \div 8 =$

(18) $35 \div 7 =$

(19) $54 \div 9 =$

(20) $54 \div 6 =$

(21) $32 \div 8 =$

(22) $18 \div 9 =$

(23) $48 \div 6 =$

(24) $7 \div 7 =$

(25) $21 \div 7 =$

(26) $48 \div 8 =$

(27) $30 \div 6 =$

(28) $81 \div 9 =$

(29) $56 \div 7 =$

(30) $16 \div 8 =$

(31) $63 \div 9 =$

(32) $6 \div 6 =$

(33) $42 \div 7 =$

(34) $36 \div 9 =$

(35) $24 \div 8 =$

スパイラルコーナー 次の □ にあてはまる数を書きましょう。

1つ5点【30点】

(1) $7 \times 6 = 7 \times 7 - \boxed{}$

(2) $5 \times 9 = \boxed{} \times 5$

(3) $6 \times 5 = 6 \times 4 + \boxed{}$

(4) $8 \times 6 = 8 \times \boxed{} - 8$

(5) $3 \times 7 = 7 \times \boxed{}$

(6) $2 \times 5 = 2 \times \boxed{} + 2$

学習した日　　　月　　　日　　とく点

名前

／100点

1311
解説→172ページ

1 次の計算をしましょう。

1つ2点【70点】

(1) $30 \div 6 =$

(2) $16 \div 8 =$

(3) $21 \div 7 =$

(4) $63 \div 9 =$

(5) $72 \div 8 =$

(6) $42 \div 7 =$

(7) $6 \div 6 =$

(8) $36 \div 9 =$

(9) $48 \div 6 =$

(10) $14 \div 7 =$

(11) $32 \div 8 =$

(12) $54 \div 9 =$

(13) $24 \div 8 =$

(14) $63 \div 7 =$

(15) $42 \div 6 =$

(16) $9 \div 9 =$

(17) $35 \div 7 =$

(18) $72 \div 9 =$

(19) $18 \div 6 =$

(20) $64 \div 8 =$

(21) $28 \div 7 =$

(22) $45 \div 9 =$

(23) $8 \div 8 =$

(24) $36 \div 6 =$

(25) $12 \div 6 =$

(26) $49 \div 7 =$

(27) $40 \div 8 =$

(28) $81 \div 9 =$

(29) $18 \div 9 =$

(30) $24 \div 6 =$

(31) $56 \div 8 =$

(32) $7 \div 7 =$

(33) $27 \div 9 =$

(34) $56 \div 7 =$

(35) $54 \div 6 =$

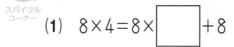 次の☐にあてはまる数を書きましょう。

1つ5点【30点】

(1) $8 \times 4 = 8 \times \boxed{} + 8$

(2) $3 \times \boxed{} = 3 \times 6 + 3$

(3) $5 \times 4 = 5 \times \boxed{} - 5$

(4) $4 \times \boxed{} = 4 \times 7 - 4$

(5) $9 \times 8 = \boxed{} \times 9$

(6) $5 \times \boxed{} = 2 \times 5$

11 わり算⑤

❶ 次の計算をしましょう。　　　　　　1つ2点【70点】

(1) $30 \div 6 =$

(2) $16 \div 8 =$

(3) $21 \div 7 =$

(4) $63 \div 9 =$

(5) $72 \div 8 =$

(6) $42 \div 7 =$

(7) $6 \div 6 =$

(8) $36 \div 9 =$

(9) $48 \div 6 =$

(10) $14 \div 7 =$

(11) $32 \div 8 =$

(12) $54 \div 9 =$

(13) $24 \div 8 =$

(14) $63 \div 7 =$

(15) $42 \div 6 =$

(16) $9 \div 9 =$

(17) $35 \div 7 =$

(18) $72 \div 9 =$

(19) $18 \div 6 =$

(20) $64 \div 8 =$

(21) $28 \div 7 =$

(22) $45 \div 9 =$

(23) $8 \div 8 =$

(24) $36 \div 6 =$

(25) $12 \div 6 =$

(26) $49 \div 7 =$

(27) $40 \div 8 =$

(28) $81 \div 9 =$

(29) $18 \div 9 =$

(30) $24 \div 6 =$

(31) $56 \div 8 =$

(32) $7 \div 7 =$

(33) $27 \div 9 =$

(34) $56 \div 7 =$

(35) $54 \div 6 =$

❷ 次の ☐ にあてはまる数を書きましょう。　1つ5点【30点】

スパイラル
コーナー

(1) $8 \times 4 = 8 \times \boxed{} + 8$

(2) $3 \times \boxed{} = 3 \times 6 + 3$

(3) $5 \times 4 = 5 \times \boxed{} - 5$

(4) $4 \times \boxed{} = 4 \times 7 - 4$

(5) $9 \times 8 = \boxed{} \times 9$

(6) $5 \times \boxed{} = 2 \times 5$

目ひょう時間
20分

学習した日　　月　　日　　とく点

名前

／100点

1312
解説→172ページ

1 次の計算をしましょう。　　　　　　1つ3点【66点】

(1)　42÷6＝

(2)　24÷8＝

(3)　35÷7＝

(4)　54÷9＝

(5)　14÷7＝

(6)　48÷6＝

(7)　32÷8＝

(8)　81÷9＝

(9)　9÷9＝

(10)　28÷7＝

(11)　56÷8＝

(12)　12÷6＝

(13)　72÷9＝

(14)　24÷6＝

(15)　40÷8＝

(16)　21÷7＝

(17)　8÷8＝

(18)　36÷6＝

(19)　63÷7＝

(20)　27÷9＝

(21)　42÷7＝

(22)　72÷8＝

2 えんぴつが48本あります。このえんぴつを1人に8本ずつ分けると、何人に分けられますか。　　【全部できて8点】

(式)

答え(　　　　　)

3 49cmのリボンを、7cmずつに切ると、何本に分けることができますか。　　【全部できて8点】

(式)

答え(　　　　　)

次の計算をしましょう。　　　　　　1つ3点【18点】

スパイラルコーナー

(1)　4×10＝

(2)　6×10＝

(3)　2×10＝

(4)　9×0＝

(5)　3×0＝

(6)　7×0＝

12 わり算⑥

目ひょう時間 ⏱ 20分

学習した日　　　月　　　日

名前

とく点 ／100点

1312
解説→172ページ

らくらくマルつけ

❶ 次の計算をしましょう。 1つ3点【66点】

(1) $42 \div 6 =$

(2) $24 \div 8 =$

(3) $35 \div 7 =$

(4) $54 \div 9 =$

(5) $14 \div 7 =$

(6) $48 \div 6 =$

(7) $32 \div 8 =$

(8) $81 \div 9 =$

(9) $9 \div 9 =$

(10) $28 \div 7 =$

(11) $56 \div 8 =$

(12) $12 \div 6 =$

(13) $72 \div 9 =$

(14) $24 \div 6 =$

(15) $40 \div 8 =$

(16) $21 \div 7 =$

(17) $8 \div 8 =$

(18) $36 \div 6 =$

(19) $63 \div 7 =$

(20) $27 \div 9 =$

(21) $42 \div 7 =$

(22) $72 \div 8 =$

❷ えんぴつが48本あります。このえんぴつを1人に8本ずつ分けると、何人に分けられますか。 【全部できて8点】

(式)

答え(　　　　　)

❸ 49cmのリボンを、7cmずつに切ると、何本に分けることができますか。 【全部できて8点】

(式)

答え(　　　　　)

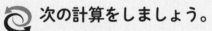

次の計算をしましょう。 1つ3点【18点】

スパイラルコーナー

(1) $4 \times 10 =$

(2) $6 \times 10 =$

(3) $2 \times 10 =$

(4) $9 \times 0 =$

(5) $3 \times 0 =$

(6) $7 \times 0 =$

13 わり算⑦

 学習した日　　　月　　　日

名前

とく点　　／100点

1313
解説→173ページ

---

① ふくろに入っているおかしを、6人で同じ数ずつに分けます。おかしの数が次のとき、1人分は何こになりますか。

【14点】

(1) 18こ入っているとき　　　　　　　（全部できて7点）

(式)

答え（　　　　　　　）

(2) 1こも入っていないとき　　　　　　（全部できて7点）

(式)

答え（　　　　　　　）

② ふくろにおかしが6こ入っています。このおかしを1人に1こずつ分けると、何人に分けられますか。　【全部できて10点】

(式)

答え（　　　　　　　）

---

③ 次の計算をしましょう。　　　　　　1つ4点【16点】

(1) $0 \div 4 =$　　　　(2) $0 \div 9 =$

(3) $3 \div 1 =$　　　　(4) $7 \div 1 =$

④ 次の計算をしましょう。　　　　　　1つ4点【48点】

(1) $27 \div 3 =$　　　　(2) $15 \div 5 =$

(3) $8 \div 2 =$　　　　(4) $9 \div 1 =$

(5) $30 \div 5 =$　　　　(6) $42 \div 6 =$

(7) $0 \div 3 =$　　　　(8) $2 \div 2 =$

(9) $28 \div 7 =$　　　　(10) $15 \div 3 =$

(11) $24 \div 4 =$　　　　(12) $4 \div 1 =$

↻ 次の計算をしましょう。　　　　　　1つ3点【12点】

スパイラルコーナー (1) $2 \times 10 =$　　　　(2) $10 \times 7 =$

(3) $6 \times 0 =$　　　　(4) $0 \times 1 =$

13 わり算⑦

目ひょう時間
⏱
20分

❶ ふくろに入っているおかしを、6人で同じ数ずつに分けます。おかしの数が次のとき、1人分は何こになりますか。

【14点】

(1) 18こ入っているとき　　　　　　（全部できて7点）
(式)

答え（　　　　　　）

(2) 1こも入っていないとき　　　　（全部できて7点）
(式)

答え（　　　　　　）

❷ ふくろにおかしが6こ入っています。このおかしを1人に1こずつ分けると、何人に分けられますか。【全部できて10点】
(式)

答え（　　　　　　）

❸ 次の計算をしましょう。　　　　　　1つ4点【16点】

(1) 0÷4＝　　　　　　　(2) 0÷9＝

(3) 3÷1＝　　　　　　　(4) 7÷1＝

❹ 次の計算をしましょう。　　　　　　1つ4点【48点】

(1) 27÷3＝　　　　　　(2) 15÷5＝

(3) 8÷2＝　　　　　　　(4) 9÷1＝

(5) 30÷5＝　　　　　　(6) 42÷6＝

(7) 0÷3＝　　　　　　　(8) 2÷2＝

(9) 28÷7＝　　　　　　(10) 15÷3＝

(11) 24÷4＝　　　　　　(12) 4÷1＝

 次の計算をしましょう。　　　　1つ3点【12点】

スパイラルコーナー (1) 2×10＝　　　　　(2) 10×7＝

(3) 6×0＝　　　　　(4) 0×1＝

14 わり算⑧

目ひょう時間 ⏱ 20分

学習した日　　　月　　　日

名前

とく点 ／100点

1314
解説→173ページ

① おりがみが40まいあり、これを2人で分けます。このときの1人分のもとめ方を、次のように考えました。□にあてはまる数を書きましょう。　【全部できて9点】

10まいを1つのまとまりとして考えます。
右の図のように、10まいのまとまりが4つあり、これを2人で分けると、4÷2=□

1人あたり10まいのまとまりが2つとなるので、1人分は、

40÷2=□

② おりがみが63まいあり、これを3人で分けます。このときの1人分のもとめ方を、次のように考えました。□にあてはまる数を書きましょう。　【全部できて9点】

10まいのまとまりとばらに分けて考えます。

10まいのまとまりが6つあり、これを3人で分けると、6÷3=□

ばらの3まいを3人で分けると、3÷3=□

1人分は10まいのまとまりが2つとばらの1まいを合わせた数だから、63÷3=□

③ 次の計算をしましょう。　1つ5点【30点】

(1) 20÷2=

(2) 70÷7=

(3) 30÷3=

(4) 60÷2=

(5) 90÷9=

(6) 80÷4=

④ 次の計算をしましょう。　1つ5点【40点】

(1) 24÷2=

(2) 55÷5=

(3) 96÷3=

(4) 62÷2=

(5) 84÷4=

(6) 36÷3=

(7) 48÷4=

(8) 72÷4=

🔄 次の□にあてはまる数を書きましょう。　1つ3点【12点】
スパイラルコーナー

(1) 8×6=8×□+8

(2) 4×□=4×9+4

(3) 7×9=7×□−7

(4) 0×□=9×0

14 わり算⑧

学習した日　　月　　日　　とく点

名前

／100点

1314
解説→173ページ

❶ おりがみが40まいあり、これを2人で分けます。このとき
の1人分のもとめ方を、次のように考えました。□□□に
あてはまる数を書きましょう。　　【全部できて9点】

10まいを1つのまとまりとし
て考えます。

右の図のように、10まいのまと
まりが4つあり、これを2人で分けると、4÷2＝□□□

1人あたり10まいのまとまりが2つとなるので、1人分は、

40÷2＝□□□

❷ おりがみが63まいあり、これを3人で分けます。このとき
の1人分のもとめ方を、次のように考えました。□□□にあ
てはまる数を書きましょう。　　【全部できて9点】

10まいのまとまりとばらに分
けて考えます。

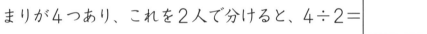

10まいのまとまりが6つあり、
これを3人で分けると、6÷3＝□□□

ばらの3まいを3人で分けると、3÷3＝□□□

1人分は10まいのまとまりが2つとばらの1まいを合わ
せた数だから、63÷3＝□□□

❸ 次の計算をしましょう。　　1つ5点【30点】

(1) 20÷2＝

(2) 70÷7＝

(3) 30÷3＝

(4) 60÷2＝

(5) 90÷9＝

(6) 80÷4＝

❹ 次の計算をしましょう。　　1つ5点【40点】

(1) 24÷2＝

(2) 55÷5＝

(3) 96÷3＝

(4) 62÷2＝

(5) 84÷4＝

(6) 36÷3＝

(7) 48÷4＝

(8) 72÷4＝

🔄 スパイラルコーナー　次の□□□にあてはまる数を書きましょう。　　1つ3点【12点】

(1) 8×6＝8×□□□＋8

(2) 4×□□□＝4×9＋4

(3) 7×9＝7×□□□－7

(4) 0×□□□＝9×0

15 まとめのテスト❷

目ひょう時間
⏱ 20分

🖉 学習した日　　　月　　　日

名前

とく点

／100点

1315
解説→173ページ

❶ 次の計算をしましょう。　　　　　　　1つ4点【48点】

(1)　16÷4＝

(2)　42÷6＝

(3)　10÷2＝

(4)　25÷5＝

(5)　63÷7＝

(6)　18÷3＝

(7)　36÷4＝

(8)　72÷8＝

(9)　56÷8＝

(10)　45÷5＝

(11)　27÷9＝

(12)　12÷3＝

❷ 次の計算をしましょう。　　　　　　　1つ4点【32点】

(1)　33÷3＝

(2)　50÷5＝

(3)　0÷5＝

(4)　7÷7＝

(5)　99÷9＝

(6)　48÷4＝

(7)　0÷2＝

(8)　26÷2＝

❸ オレンジジュースが64dL あります。8人で同じりょうずつに分けると、1人分は何dL になりますか。　　【全部できて6点】

(式)

答え（　　　　　　　）

❹ りくとさんはチョコレートを買いに行きました。4こ買って80円をはらいました。チョコレート1このねだんはいくらですか。　　【全部できて7点】

(式)

答え（　　　　　　　）

❺ 子どもが48人います。3人がけの長いすに全員がすわるには、何きゃくの長いすがいりますか。　　【全部できて7点】

(式)

答え（　　　　　　　）

15 まとめのテスト❷

目ひょう時間 ⏱ 20分

学習した日　　月　　日

名前

とく点

／100点

1315
解説→173ページ

---

❶ 次の計算をしましょう。　1つ4点【48点】

(1)　$16 \div 4 =$

(2)　$42 \div 6 =$

(3)　$10 \div 2 =$

(4)　$25 \div 5 =$

(5)　$63 \div 7 =$

(6)　$18 \div 3 =$

(7)　$36 \div 4 =$

(8)　$72 \div 8 =$

(9)　$56 \div 8 =$

(10)　$45 \div 5 =$

(11)　$27 \div 9 =$

(12)　$12 \div 3 =$

❷ 次の計算をしましょう。　1つ4点【32点】

(1)　$33 \div 3 =$

(2)　$50 \div 5 =$

(3)　$0 \div 5 =$

(4)　$7 \div 7 =$

(5)　$99 \div 9 =$

(6)　$48 \div 4 =$

(7)　$0 \div 2 =$

(8)　$26 \div 2 =$

---

❸ オレンジジュースが64dLあります。8人で同じりょうずつに分けると、1人分は何dLになりますか。　【全部できて6点】

(式)

答え（　　　　　　）

❹ りくとさんはチョコレートを買いに行きました。4こ買って80円をはらいました。チョコレート1このねだんはいくらですか。　【全部できて7点】

(式)

答え（　　　　　　）

❺ 子どもが48人います。3人がけの長いすに全員がすわるには、何きゃくの長いすがいりますか。　【全部できて7点】

(式)

答え（　　　　　　）

16 まとめのテスト❸

目ひょう時間 20分

学習した日　　　月　　　日　　とく点

名前

／100点

1316
解説→174ページ

① 次の計算をしましょう。

1つ4点【48点】

(1) $14 \div 2 =$

(2) $28 \div 4 =$

(3) $54 \div 6 =$

(4) $20 \div 5 =$

(5) $81 \div 9 =$

(6) $30 \div 6 =$

(7) $63 \div 9 =$

(8) $36 \div 6 =$

(9) $15 \div 3 =$

(10) $49 \div 7 =$

(11) $24 \div 4 =$

(12) $18 \div 6 =$

② 次の計算をしましょう。

1つ4点【32点】

(1) $0 \div 6 =$

(2) $88 \div 4 =$

(3) $40 \div 4 =$

(4) $28 \div 2 =$

(5) $4 \div 4 =$

(6) $10 \div 1 =$

(7) $93 \div 3 =$

(8) $0 \div 7 =$

③ りんごが32こあります。4人で同じ数ずつ分けると、1人分は何こになりますか。

【全部できて6点】

(式)

答え(　　　　　　　)

④ おりがみが60まいあります。3人で同じ数ずつ分けると、1人分は何まいになりますか。

【全部できて7点】

(式)

答え(　　　　　　　)

⑤ めだかが44ひきいます。4つの水そうに同じ数ずつ入れていくと、1つの水そうには何びきのめだかが入りますか。

【全部できて7点】

(式)

答え(　　　　　　　)

16 まとめのテスト ❸

目ひょう時間
⏱
20分

学習した日　　　月　　　日　　　とく点

名前

／100点

1316
解説→174ページ

❶ 次の計算をしましょう。 1つ4点【48点】

(1) 14÷2＝

(2) 28÷4＝

(3) 54÷6＝

(4) 20÷5＝

(5) 81÷9＝

(6) 30÷6＝

(7) 63÷9＝

(8) 36÷6＝

(9) 15÷3＝

(10) 49÷7＝

(11) 24÷4＝

(12) 18÷6＝

❷ 次の計算をしましょう。 1つ4点【32点】

(1) 0÷6＝

(2) 88÷4＝

(3) 40÷4＝

(4) 28÷2＝

(5) 4÷4＝

(6) 10÷1＝

(7) 93÷3＝

(8) 0÷7＝

❸ りんごが32こあります。4人で同じ数ずつ分けると、1人分は何こになりますか。 【全部できて6点】

(式)

答え(　　　　　　　)

❹ おりがみが60まいあります。3人で同じ数ずつ分けると、1人分は何まいになりますか。 【全部できて7点】

(式)

答え(　　　　　　　)

❺ めだかが44ひきいます。4つの水そうに同じ数ずつ入れていくと、1つの水そうには何びきのめだかが入りますか。 【全部できて7点】

(式)

答え(　　　　　　　)

17 たし算の筆算①

目ひょう時間 20分

学習した日　　　月　　　日

名前

とく点　　／100点

1317
解説→174ページ

❶ 次の筆算をしましょう。　　　　1つ4点【16点】

(1)
```
  2 6
+ 3 1
```

(2)
```
  7 2
+ 1 6
```

(3)
```
  5 5
+ 4 0
```

(4)
```
    7
+ 6 2
```

❷ 次の筆算をしましょう。　　　　1つ3点【63点】

(1)
```
  3 7 1
+ 2 1 5
```

(2)
```
  1 6 2
+ 3 3 1
```

(3)
```
  7 1 2
+ 2 3 7
```

(4)
```
  6 8 1
+ 1 0 4
```

(5)
```
  4 7 2
+ 2 1 4
```

(6)
```
  2 8 4
+ 6 0 3
```

(7)
```
  5 4 3
+ 4 1 2
```

(8)
```
  8 3 5
+ 1 3 4
```

(9)
```
  1 4 9
+ 7 1 0
```

(10)
```
  3 1 0
+ 1 4 6
```

(11)
```
  4 1 3
+ 2 4 5
```

(12)
```
  5 9 4
+ 3 0 0
```

(13)
```
  3 3 2
+ 4 6 7
```

(14)
```
  6 7 4
+ 3 0 5
```

(15)
```
  2 3 5
+ 5 0 3
```

(16)
```
  5 2 6
+ 3 4 1
```

(17)
```
  2 0 1
+ 5 4 2
```

(18)
```
  5 3 7
+ 1 4 1
```

(19)
```
  1 8 0
+ 7 1 5
```

(20)
```
  2 5 3
+ 4 3 1
```

(21)
```
  4 9 4
+ 2 0 3
```

 次の計算をしましょう。　　　　1つ3点【21点】

スパイラル
コーナー

(1) $16 \div 2 =$

(2) $42 \div 7 =$

(3) $28 \div 7 =$

(4) $9 \div 3 =$

(5) $21 \div 3 =$

(6) $35 \div 5 =$

(7) $32 \div 4 =$

17 たし算の筆算①

学習した日　　　月　　　日

名前

とく点

／100点

1317
解説→174ページ

❶ **次の筆算をしましょう。**　　　　1つ4点【16点】

(1)
```
  26
+ 31
```

(2)
```
  72
+ 16
```

(3)
```
  55
+ 40
```

(4)
```
    7
+ 62
```

❷ **次の筆算をしましょう。**　　　　1つ3点【63点】

(1)
```
  371
+ 215
```

(2)
```
  162
+ 331
```

(3)
```
  712
+ 237
```

(4)
```
  681
+ 104
```

(5)
```
  472
+ 214
```

(6)
```
  284
+ 603
```

(7)
```
  543
+ 412
```

(8)
```
  835
+ 134
```

(9)
```
  149
+ 710
```

(10)
```
  310
+ 146
```

(11)
```
  413
+ 245
```

(12)
```
  594
+ 300
```

(13)
```
  332
+ 467
```

(14)
```
  674
+ 305
```

(15)
```
  235
+ 503
```

(16)
```
  526
+ 341
```

(17)
```
  201
+ 542
```

(18)
```
  537
+ 141
```

(19)
```
  180
+ 715
```

(20)
```
  253
+ 431
```

(21)
```
  494
+ 203
```

🔄 **次の計算をしましょう。**　　　　1つ3点【21点】

スパイラル
コーナー
(1) $16 \div 2 =$

(2) $42 \div 7 =$

(3) $28 \div 7 =$

(4) $9 \div 3 =$

(5) $21 \div 3 =$

(6) $35 \div 5 =$

(7) $32 \div 4 =$

目ひょう時間

20分

📝 学習した日　　　　月　　　　日

名前

とく点

／100点

解説→174ページ

1318

❶ 次の筆算をしましょう。　　　　1つ4点【16点】

(1)
```
   1 8
 + 2 3
```

(2)
```
     9
 + 4 3
```

(3)
```
   6 4
 + 1 9
```

(4)
```
   5 8
 + 7 0
```

❷ 次の筆算をしましょう。　　　　1つ3点【36点】

(1)
```
   2 6 9
 + 3 2 4
```

(2)
```
   3 3 5
 + 1 4 5
```

(3)
```
   1 7 9
 + 6 0 7
```

(4)
```
   7 2 6
 + 1 3 9
```

(5)
```
   5 0 8
 + 3 7 4
```

(6)
```
   4 5 3
 + 2 1 8
```

(7)
```
   6 4 2
 + 2 8 3
```

(8)
```
   2 9 6
 + 3 4 2
```

(9)
```
   1 3 4
 + 5 7 3
```

(10)
```
   7 5 1
 + 1 6 8
```

(11)
```
   4 7 3
 + 4 5 0
```

(12)
```
   5 9 6
 + 2 3 1
```

❸ 次の筆算をしましょう。　　　　1つ4点【36点】

(1)
```
   4 5 8
 + 2 6 3
```

(2)
```
   3 7 4
 + 4 2 8
```

(3)
```
   1 8 5
 + 4 7 9
```

(4)
```
   3 6 7
 + 4 5 8
```

(5)
```
   2 7 8
 + 5 5 4
```

(6)
```
   1 9 6
 + 4 7 9
```

(7)
```
   4 8 3
 + 1 3 9
```

(8)
```
   2 3 7
 + 4 8 3
```

(9)
```
   2 5 9
 + 3 8 3
```

🔄 次の計算をしましょう。　　　　1つ2点【12点】

スパイラルコーナー (1) $15 \div 5 =$

(2) $48 \div 6 =$

(3) $54 \div 9 =$

(4) $40 \div 8 =$

(5) $6 \div 3 =$

(6) $21 \div 7 =$

18 たし算の筆算②

目ひょう時間
⏱
20分

学習した日　　　月　　　日

名前

とく点

／100点

1318
解説→174ページ

---

❶ 次の筆算をしましょう。　1つ4点【16点】

(1)
```
   18
 +23
```

(2)
```
    9
 +43
```

(3)
```
   64
 +19
```

(4)
```
   58
 +70
```

❷ 次の筆算をしましょう。　1つ3点【36点】

(1)
```
  269
 +324
```

(2)
```
  335
 +145
```

(3)
```
  179
 +607
```

(4)
```
  726
 +139
```

(5)
```
  508
 +374
```

(6)
```
  453
 +218
```

(7)
```
  642
 +283
```

(8)
```
  296
 +342
```

(9)
```
  134
 +573
```

(10)
```
  751
 +168
```

(11)
```
  473
 +450
```

(12)
```
  596
 +231
```

---

❸ 次の筆算をしましょう。　1つ4点【36点】

(1)
```
  458
 +263
```

(2)
```
  374
 +428
```

(3)
```
  185
 +479
```

(4)
```
  367
 +458
```

(5)
```
  278
 +554
```

(6)
```
  196
 +479
```

(7)
```
  483
 +139
```

(8)
```
  237
 +483
```

(9)
```
  259
 +383
```

↻ 次の計算をしましょう。　1つ2点【12点】

スパイラルコーナー

(1) $15 \div 5 =$

(2) $48 \div 6 =$

(3) $54 \div 9 =$

(4) $40 \div 8 =$

(5) $6 \div 3 =$

(6) $21 \div 7 =$

19 ひき算の筆算①

目ひょう時間 ⏱ 20分

✏学習した日　　月　　日　　とく点

名前

／100点

1319
解説→175ページ

❶ 次の筆算をしましょう。　1つ4点【16点】

(1)
```
  48
- 23
----
```

(2)
```
  85
- 31
----
```

(3)
```
 162
-  40
----
```

(4)
```
 497
-  56
----
```

❷ 次の筆算をしましょう。　1つ3点【63点】

(1)
```
 876
-341
----
```

(2)
```
 586
-475
----
```

(3)
```
 678
-256
----
```

(4)
```
 694
-281
----
```

(5)
```
 594
-382
----
```

(6)
```
 946
-115
----
```

(7)
```
 745
-642
----
```

(8)
```
 438
-123
----
```

(9)
```
 878
-652
----
```

(10)
```
 859
-435
----
```

(11)
```
 568
-246
----
```

(12)
```
 632
-501
----
```

(13)
```
 367
-141
----
```

(14)
```
 914
-402
----
```

(15)
```
 859
-135
----
```

(16)
```
 487
-223
----
```

(17)
```
 521
-301
----
```

(18)
```
 772
-451
----
```

(19)
```
 262
-150
----
```

(20)
```
 355
-252
----
```

(21)
```
 962
-161
----
```

 次の計算をしましょう。　1つ3点【21点】

スパイラルコーナー
(1) 16÷8＝

(2) 24÷3＝

(3) 4÷4＝

(4) 36÷9＝

(5) 12÷4＝

(6) 3÷1＝

(7) 72÷9＝

19 ひき算の筆算①

目ひょう時間
⏱
20分

学習した日　　　月　　　日

名前

とく点

／100点

1319
解説→175ページ

❶ 次の筆算をしましょう。　　　　　　　　1つ4点【16点】

(1)　　48
　　−23

(2)　　85
　　−31

(3)　162
　　− 40

(4)　497
　　− 56

❷ 次の筆算をしましょう。　　　　　　　　1つ3点【63点】

(1)　876
　　−341

(2)　586
　　−475

(3)　678
　　−256

(4)　694
　　−281

(5)　594
　　−382

(6)　946
　　−115

(7)　745
　　−642

(8)　438
　　−123

(9)　878
　　−652

(10)　859
　　−435

(11)　568
　　−246

(12)　632
　　−501

(13)　367
　　−141

(14)　914
　　−402

(15)　859
　　−135

(16)　487
　　−223

(17)　521
　　−301

(18)　772
　　−451

(19)　262
　　−150

(20)　355
　　−252

(21)　962
　　−161

 次の計算をしましょう。　　　　　1つ3点【21点】

スパイラル
コーナー

(1)　$16 \div 8 =$

(2)　$24 \div 3 =$

(3)　$4 \div 4 =$

(4)　$36 \div 9 =$

(5)　$12 \div 4 =$

(6)　$3 \div 1 =$

(7)　$72 \div 9 =$

目ひょう時間
🕐
20分

✐ 学習した日　　　月　　　日

名前

とく点

／100点

1320
解説→175ページ

❶ 次の筆算をしましょう。　　　1つ4点【16点】

(1)
```
  5 2
− 2 3
```

(2)
```
  6 5
− 4 8
```

(3)
```
  1 4 3
−   3 9
```

(4)
```
  1 2 0
−   6 3
```

❷ 次の筆算をしましょう。　　　1つ3点【36点】

(1)
```
  5 9 2
− 3 5 8
```

(2)
```
  8 5 6
− 3 4 7
```

(3)
```
  7 4 3
− 2 1 5
```

(4)
```
  9 8 5
− 2 7 9
```

(5)
```
  6 8 4
− 1 3 5
```

(6)
```
  9 5 4
− 4 2 7
```

(7)
```
  5 2 9
− 1 6 7
```

(8)
```
  8 2 8
− 4 9 5
```

(9)
```
  9 4 6
− 2 9 3
```

(10)
```
  8 5 8
− 3 6 5
```

(11)
```
  9 3 7
− 2 4 6
```

(12)
```
  7 3 8
− 2 8 7
```

❸ 次の筆算をしましょう。　　　1つ4点【36点】

(1)
```
  4 2 3
− 2 3 7
```

(2)
```
  8 3 5
− 2 9 7
```

(3)
```
  9 3 4
− 4 6 7
```

(4)
```
  5 4 2
− 1 9 3
```

(5)
```
  6 2 3
− 1 4 6
```

(6)
```
  7 6 1
− 2 6 9
```

(7)
```
  8 4 6
− 2 9 7
```

(8)
```
  7 6 2
− 4 9 3
```

(9)
```
  9 2 5
− 3 6 8
```

🔄 次の計算をしましょう。　　　1つ2点【12点】

スパイラル
コーナー

(1) $64 \div 8 =$

(2) $12 \div 2 =$

(3) $32 \div 8 =$

(4) $5 \div 5 =$

(5) $18 \div 9 =$

(6) $40 \div 5 =$

20 ひき算の筆算②

目ひょう時間 🕐 **20**分

| 学習した日 | 月 | 日 | とく点 |
| 名前 | | | /100点 |

1320
解説→175ページ

 らくらくマルつけ

---

❶ 次の筆算をしましょう。

1つ4点【16点】

(1)
```
   52
 −23
─────
```

(2)
```
   65
 −48
─────
```

(3)
```
  143
 − 39
─────
```

(4)
```
  120
 − 63
─────
```

❷ 次の筆算をしましょう。

1つ3点【36点】

(1)
```
  592
 −358
─────
```

(2)
```
  856
 −347
─────
```

(3)
```
  743
 −215
─────
```

(4)
```
  985
 −279
─────
```

(5)
```
  684
 −135
─────
```

(6)
```
  954
 −427
─────
```

(7)
```
  529
 −167
─────
```

(8)
```
  828
 −495
─────
```

(9)
```
  946
 −293
─────
```

(10)
```
  858
 −365
─────
```

(11)
```
  937
 −246
─────
```

(12)
```
  738
 −287
─────
```

---

❸ 次の筆算をしましょう。

1つ4点【36点】

(1)
```
  423
 −237
─────
```

(2)
```
  835
 −297
─────
```

(3)
```
  934
 −467
─────
```

(4)
```
  542
 −193
─────
```

(5)
```
  623
 −146
─────
```

(6)
```
  761
 −269
─────
```

(7)
```
  846
 −297
─────
```

(8)
```
  762
 −493
─────
```

(9)
```
  925
 −368
─────
```

🔄 次の計算をしましょう。

1つ2点【12点】

スパイラルコーナー

(1) $64 \div 8 =$

(2) $12 \div 2 =$

(3) $32 \div 8 =$

(4) $5 \div 5 =$

(5) $18 \div 9 =$

(6) $40 \div 5 =$

21 大きい数のたし算の筆算

目ひょう時間 **20**分

学習した日　　　月　　　日　　とく点

名前

／100点

1321
解説→176ページ

❶ 次の筆算をしましょう。

1つ2点【24点】

(1)
```
  6 3 4 5
+ 3 5 5 1
```

(2)
```
  3 2 5 4
+ 1 3 2 4
```

(3)
```
  6 7 1 2
+ 3 2 8 4
```

(4)
```
  6 6 1 4
+ 2 0 2 2
```

(5)
```
  2 7 5 8
+ 3 2 2 0
```

(6)
```
  4 0 9 7
+ 5 8 0 1
```

(7)
```
  2 4 6 8
+ 3 5 2 1
```

(8)
```
  6 7 2 8
+ 1 0 5 0
```

(9)
```
  4 1 6 4
+ 3 2 0 4
```

(10)
```
  3 5 4 2
+ 2 1 0 7
```

(11)
```
  2 3 6 5
+ 3 0 3 4
```

(12)
```
  5 8 8 7
+ 2 1 0 1
```

(4)
```
  8 7 2 7
+ 1 1 8 3
```

(5)
```
  3 2 8 9
+ 5 4 8 7
```

(6)
```
  6 1 6 5
+ 1 4 8 6
```

(7)
```
  4 2 6 7
+ 5 5 3 5
```

(8)
```
  6 4 2 9
+ 1 3 0 6
```

(9)
```
  3 8 4 8
+ 2 3 1 7
```

(10)
```
  2 6 2 1
+ 6 7 9 7
```

(11)
```
  7 5 3 4
+ 1 7 2 8
```

(12)
```
  4 0 2 8
+ 3 9 7 5
```

(13)
```
  5 4 3 9
+ 1 4 9 1
```

(14)
```
  4 5 1 5
+ 3 3 0 9
```

(15)
```
  3 9 7 8
+ 2 0 2 7
```

❷ 次の筆算をしましょう。

1つ4点【60点】

(1)
```
  7 9 6 3
+ 1 3 9 8
```

(2)
```
  4 9 0 1
+ 3 4 1 8
```

(3)
```
  5 7 2 9
+ 1 8 3 8
```

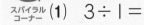 次の計算をしましょう。

1つ4点【16点】

スパイラル
コーナー

(1) $3 \div 1 =$

(2) $20 \div 2 =$

(3) $0 \div 6 =$

(4) $44 \div 2 =$

21 大きい数のたし算の筆算

目ひょう時間 ⏱ 20分

学習した日　　月　　日　　とく点

名前

／100点

1321
解説→176ページ

❶ 次の筆算をしましょう。　1つ2点【24点】

(1)
```
  6 3 4 5
+ 3 5 5 1
```

(2)
```
  3 2 5 4
+ 1 3 2 4
```

(3)
```
  6 7 1 2
+ 3 2 8 4
```

(4)
```
  6 6 1 4
+ 2 0 2 2
```

(5)
```
  2 7 5 8
+ 3 2 2 0
```

(6)
```
  4 0 9 7
+ 5 8 0 1
```

(7)
```
  2 4 6 8
+ 3 5 2 1
```

(8)
```
  6 7 2 8
+ 1 0 5 0
```

(9)
```
  4 1 6 4
+ 3 2 0 4
```

(10)
```
  3 5 4 2
+ 2 1 0 7
```

(11)
```
  2 3 6 5
+ 3 0 3 4
```

(12)
```
  5 8 8 7
+ 2 1 0 1
```

(4)
```
  8 7 2 7
+ 1 1 8 3
```

(5)
```
  3 2 8 9
+ 5 4 8 7
```

(6)
```
  6 1 6 5
+ 1 4 8 6
```

(7)
```
  4 2 6 7
+ 5 5 3 5
```

(8)
```
  6 4 2 9
+ 1 3 0 6
```

(9)
```
  3 8 4 8
+ 2 3 1 7
```

(10)
```
  2 6 2 1
+ 6 7 9 7
```

(11)
```
  7 5 3 4
+ 1 7 2 8
```

(12)
```
  4 0 2 8
+ 3 9 7 5
```

(13)
```
  5 4 3 9
+ 1 4 9 1
```

(14)
```
  4 5 1 5
+ 3 3 0 9
```

(15)
```
  3 9 7 8
+ 2 0 2 7
```

❷ 次の筆算をしましょう。　1つ4点【60点】

(1)
```
  7 9 6 3
+ 1 3 9 8
```

(2)
```
  4 9 0 1
+ 3 4 1 8
```

(3)
```
  5 7 2 9
+ 1 8 3 8
```

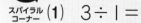 次の計算をしましょう。　1つ4点【16点】

スパイラル
コーナー
(1) $3 \div 1 =$

(2) $20 \div 2 =$

(3) $0 \div 6 =$

(4) $44 \div 2 =$

22 大きい数のひき算の筆算

目ひょう時間 20分

学習した日　　月　　日　　とく点

名前

／100点

 1322
解説→176ページ

❶ 次の筆算をしましょう。　　　　　　1つ2点【24点】

(1)
```
  6 8 4 9
- 5 3 1 7
```

(2)
```
  7 2 4 9
- 4 1 0 7
```

(3)
```
  9 3 7 5
- 5 1 4 2
```

(4)
```
  9 8 9 7
- 8 0 6 2
```

(5)
```
  9 2 8 4
- 7 2 4 1
```

(6)
```
  7 5 9 2
- 4 2 3 1
```

(7)
```
  8 3 4 6
- 7 1 0 5
```

(8)
```
  9 7 5 8
- 6 0 3 1
```

(9)
```
  8 1 8 5
- 5 0 2 1
```

(10)
```
  9 6 8 7
- 8 5 6 4
```

(11)
```
  7 1 8 3
- 4 1 7 2
```

(12)
```
  9 4 3 9
- 7 2 0 6
```

(4)
```
  9 2 1 0
- 5 1 8 7
```

(5)
```
  9 8 5 2
- 7 5 8 4
```

(6)
```
  7 8 4 5
- 2 6 9 1
```

(7)
```
  9 5 1 3
- 6 9 5 2
```

(8)
```
  8 9 4 2
- 3 5 2 7
```

(9)
```
  9 0 6 7
- 2 9 6 8
```

(10)
```
  8 5 4 2
- 7 4 1 6
```

(11)
```
  9 7 4 1
- 6 3 5 8
```

(12)
```
  8 7 2 9
- 5 9 2 1
```

(13)
```
  9 3 2 4
- 5 8 3 7
```

(14)
```
  8 1 5 6
- 6 2 3 4
```

(15)
```
  9 2 6 5
- 4 8 6 1
```

❷ 次の筆算をしましょう。　　　　　　1つ4点【60点】

(1)
```
  9 4 7 3
- 3 2 1 6
```

(2)
```
  8 0 3 4
- 4 1 2 1
```

(3)
```
  9 1 3 4
- 6 4 8 7
```

 次の計算をしましょう。　　　　1つ4点【16点】

スパイラル
コーナー

(1)　$40 \div 4 =$

(2)　$0 \div 9 =$

(3)　$77 \div 7 =$

(4)　$39 \div 3 =$

45

22 大きい数のひき算の筆算

目ひょう時間 ⏱ 20分

学習した日　　月　　日

名前

とく点　／100点

1322
解説→176ページ

❶ 次の筆算をしましょう。
1つ2点【24点】

(1)
```
  6 8 4 9
- 5 3 1 7
```

(2)
```
  7 2 4 9
- 4 1 0 7
```

(3)
```
  9 3 7 5
- 5 1 4 2
```

(4)
```
  9 8 9 7
- 8 0 6 2
```

(5)
```
  9 2 8 4
- 7 2 4 1
```

(6)
```
  7 5 9 2
- 4 2 3 1
```

(7)
```
  8 3 4 6
- 7 1 0 5
```

(8)
```
  9 7 5 8
- 6 0 3 1
```

(9)
```
  8 1 8 5
- 5 0 2 1
```

(10)
```
  9 6 8 7
- 8 5 6 4
```

(11)
```
  7 1 8 3
- 4 1 7 2
```

(12)
```
  9 4 3 9
- 7 2 0 6
```

(4)
```
  9 2 1 0
- 5 1 8 7
```

(5)
```
  9 8 5 2
- 7 5 8 4
```

(6)
```
  7 8 4 5
- 2 6 9 1
```

(7)
```
  9 5 1 3
- 6 9 5 2
```

(8)
```
  8 9 4 2
- 3 5 2 7
```

(9)
```
  9 0 6 7
- 2 9 6 8
```

(10)
```
  8 5 4 2
- 7 4 1 6
```

(11)
```
  9 7 4 1
- 6 3 5 8
```

(12)
```
  8 7 2 9
- 5 9 2 1
```

(13)
```
  9 3 2 4
- 5 8 3 7
```

(14)
```
  8 1 5 6
- 6 2 3 4
```

(15)
```
  9 2 6 5
- 4 8 6 1
```

❷ 次の筆算をしましょう。
1つ4点【60点】

(1)
```
  9 4 7 3
- 3 2 1 6
```

(2)
```
  8 0 3 4
- 4 1 2 1
```

(3)
```
  9 1 3 4
- 6 4 8 7
```

🔄 次の計算をしましょう。
1つ4点【16点】

スパイラルコーナー
(1) $40 \div 4 =$

(2) $0 \div 9 =$

(3) $77 \div 7 =$

(4) $39 \div 3 =$

23 まとめのテスト ④

① 次の筆算をしましょう。　　　　1つ3点【36点】

(1)
```
   1 4 6
 + 8 2 1
```

(2)
```
   6 7 0
 + 1 1 5
```

(3)
```
   5 0 7
 + 2 9 1
```

(4)
```
   7 4 2
 + 1 9 4
```

(5)
```
   2 6 4
 + 5 6 7
```

(6)
```
   5 7 2
 + 2 7 8
```

(7)
```
   5 5 8
 - 2 3 6
```

(8)
```
   5 7 6
 - 2 0 6
```

(9)
```
   8 6 8
 - 3 3 5
```

(10)
```
   7 1 5
 - 2 8 2
```

(11)
```
   3 5 6
 - 2 2 7
```

(12)
```
   2 7 2
 - 1 7 5
```

② 次の筆算をしましょう。　　　　1つ4点【48点】

(1)
```
   8 8 4 3
 + 1 0 1 3
```

(2)
```
   3 3 9 5
 + 2 1 0 4
```

(3)
```
   2 3 8 6
 + 4 2 0 2
```

(4)
```
   3 7 8 6
 + 1 1 3 6
```

(5)
```
   7 8 6 9
 + 1 1 5 0
```

(6)
```
   5 6 9 3
 + 2 9 3 8
```

(7)
```
   2 7 8 2
 - 1 5 3 0
```

(8)
```
   3 4 8 2
 - 2 0 5 1
```

(9)
```
   6 9 8 6
 - 2 4 4 6
```

(10)
```
   5 4 5 7
 - 2 3 7 1
```

(11)
```
   8 1 0 4
 - 4 1 7 2
```

(12)
```
   5 0 1 2
 - 2 6 4 5
```

③ ひなさんは3587円、妹は1729円持っています。　【16点】

(1) 合わせると何円になりますか。　　　　（全部できて8点）

（式）

答え（　　　　　）

(2) ちがいは何円ですか。　　　　（全部できて8点）

（式）

答え（　　　　　）

23 まとめのテスト❹

目ひょう時間
⏱
20分

学習した日　　　月　　　日

名前

とく点

／100点

1323
解説→177ページ

❶ 次の筆算をしましょう。

1つ3点【36点】

(1)
```
  146
+ 821
```

(2)
```
  670
+ 115
```

(3)
```
  507
+ 291
```

(4)
```
  742
+ 194
```

(5)
```
  264
+ 567
```

(6)
```
  572
+ 278
```

(7)
```
  558
- 236
```

(8)
```
  576
- 206
```

(9)
```
  868
- 335
```

(10)
```
  715
- 282
```

(11)
```
  356
- 227
```

(12)
```
  272
- 175
```

❷ 次の筆算をしましょう。

1つ4点【48点】

(1)
```
  8843
+ 1013
```

(2)
```
  3395
+ 2104
```

(3)
```
  2386
+ 4202
```

(4)
```
  3786
+ 1136
```

(5)
```
  7869
+ 1150
```

(6)
```
  5693
+ 2938
```

(7)
```
  2782
- 1530
```

(8)
```
  3482
- 2051
```

(9)
```
  6986
- 2446
```

(10)
```
  5457
- 2371
```

(11)
```
  8104
- 4172
```

(12)
```
  5012
- 2645
```

❸ ひなさんは3587円、妹は1729円持っています。【16点】

(1) 合わせると何円になりますか。（全部できて8点）

(式)

答え（　　　　　　　）

(2) ちがいは何円ですか。（全部できて8点）

(式)

答え（　　　　　　　）

目ひょう時間 ⏱ **20**分

学習した日　　月　　日
名前
とく点　／100点
1324
解説→177ページ

❶ 次の ☐ にあてはまる数を書きましょう。　1つ8点【64点】

(1) | 1 | ×9→ ☐ | ×4→ ☐ | ÷6→ ☐ |

(2) | 2 | ×5→ ☐ | ×3→ ☐ | ÷5→ ☐ |

(3) | 3 | ×8→ ☐ | −4→ ☐ | ×4→ ☐ |

(4) | 4 | ×7→ ☐ | +12→ ☐ | ÷2→ ☐ |

(5) | 5 | ×6→ ☐ | ÷10→ ☐ | ×7→ ☐ |

(6) | 6 | ×1→ ☐ | ×9→ ☐ | ÷2→ ☐ |

(7) | 7 | ×4→ ☐ | −4→ ☐ | ÷6→ ☐ |

(8) | 8 | ×2→ ☐ | +24→ ☐ | ÷8→ ☐ |

❷ 次の ⬭ にあてはまる数を書きましょう。　1つ6点【36点】

(1)
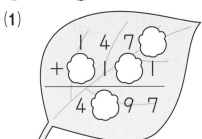
```
  1 4 7 ◯
+ ◯ 1 ◯ 1
─────────
  4 ◯ 9 7
```

(2)
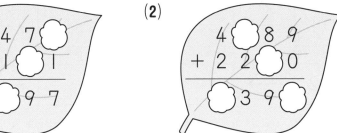
```
  4 ◯ 8 9
+ 2 2 ◯ 0
─────────
  ◯ 3 9 ◯
```

(3)

```
  5 ◯ 7 ◯
− ◯ 2 5 6
─────────
  2 2 ◯ 3
```

(4)
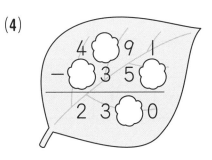
```
  4 ◯ 9 1
− ◯ 3 5 ◯
─────────
  2 3 ◯ 0
```

(5)
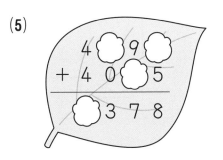
```
  4 ◯ 9 ◯
+ 4 0 ◯ 5
─────────
  ◯ 3 7 8
```

(6)
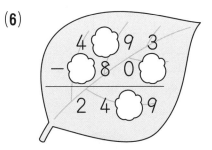
```
  4 ◯ 9 3
− ◯ 8 0 ◯
─────────
  2 4 ◯ 9
```

24 パズル①

| ✎ 学習した日 | 月 | 日 | とく点 |
| 名前 | | | ／100点 |

❶ 次の ☐ にあてはまる数を書きましょう。　1つ8点【64点】

(1) 1 →×9→ ☐ →×4→ ☐ →÷6→ ☐

(2) 2 →×5→ ☐ →×3→ ☐ →÷5→ ☐

(3) 3 →×8→ ☐ →−4→ ☐ →×4→ ☐

(4) 4 →×7→ ☐ →+12→ ☐ →÷2→ ☐

(5) 5 →×6→ ☐ →÷10→ ☐ →×7→ ☐

(6) 6 →×1→ ☐ →×9→ ☐ →÷2→ ☐

(7) 7 →×4→ ☐ →−4→ ☐ →÷6→ ☐

(8) 8 →×2→ ☐ →+24→ ☐ →÷8→ ☐

❷ 次の ◯ にあてはまる数を書きましょう。　1つ6点【36点】

(1)
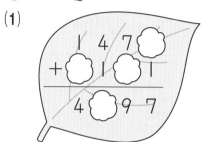

```
  1 4 7 ◯
+ ◯ 1 ◯ 1
─────────
  4 ◯ 9 7
```

(2)
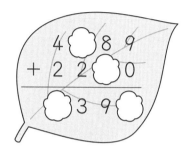

```
  4 ◯ 8 9
+ 2 2 ◯ 0
─────────
  ◯ 3 9 ◯
```

(3)
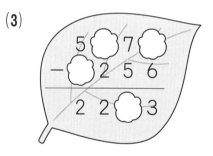

```
  5 ◯ 7 ◯
− ◯ 2 5 6
─────────
  2 2 ◯ 3
```

(4)
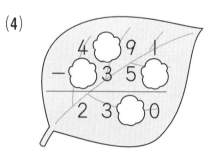

```
  4 ◯ 9 1
− ◯ 3 5 ◯
─────────
  2 3 ◯ 0
```

(5)
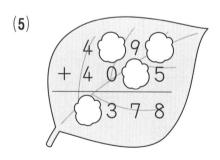

```
  4 ◯ 9 ◯
+ 4 0 ◯ 5
─────────
  ◯ 3 7 8
```

(6)
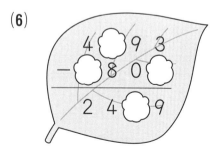

```
  4 ◯ 9 3
− ◯ 8 0 ◯
─────────
  2 4 ◯ 9
```

25 時こくと時間①

目ひょう時間 ⏱ 20分

🖉 学習した日　　　月　　　日

名前

とく点 ／100点

1325
解説→177ページ

❶ 次の □ にあてはまる数を書きましょう。　　1つ5点【50点】

(1) 90秒 = □ 分 □ 秒

(2) 75分 = □ 時間 □ 分

(3) 3分 = □ 秒

(4) 2時間20分 = □ 分

(5) 3分40秒 = □ 秒

(6) 200分 = □ 時間 □ 分

(7) 100秒 = □ 分 □ 秒

(8) 1時間45分 = □ 分

(9) 230秒 = □ 分 □ 秒

(10) 5時間20分 = □ 分

❷ 次の時こくをもとめましょう。　　1つ4点【20点】

(1) 1時10分の30分後

（　　　　　　　　）

(2) 5時20分の20分後

（　　　　　　　　）

(3) 3時25分の20分前

（　　　　　　　　）

(4) 2時35分の15分前

（　　　　　　　　）

(5) 4時15分の30分後

（　　　　　　　　）

 次の筆算をしましょう。　　1つ5点【30点】

スパイラル
コーナー

(1)
```
  144
+ 312
```

(2)
```
  416
+ 342
```

(3)
```
  534
+ 215
```

(4)
```
  170
+ 562
```

(5)
```
  282
+ 194
```

(6)
```
  477
+ 498
```

25 時こくと時間①

学習した日	月	日	とく点
名前			/100点

1325
解説→177ページ

❶ 次の □ にあてはまる数を書きましょう。　1つ5点【50点】

(1)　90秒 = □ 分 □ 秒

(2)　75分 = □ 時間 □ 分

(3)　3分 = □ 秒

(4)　2時間20分 = □ 分

(5)　3分40秒 = □ 秒

(6)　200分 = □ 時間 □ 分

(7)　100秒 = □ 分 □ 秒

(8)　1時間45分 = □ 分

(9)　230秒 = □ 分 □ 秒

(10)　5時間20分 = □ 分

❷ 次の時こくをもとめましょう。　1つ4点【20点】

(1)　1時10分の30分後

(　　　　　　　　)

(2)　5時20分の20分後

(　　　　　　　　)

(3)　3時25分の20分前

(　　　　　　　　)

(4)　2時35分の15分前

(　　　　　　　　)

(5)　4時15分の30分後

(　　　　　　　　)

 次の筆算をしましょう。　1つ5点【30点】

スパイラル
コーナー

(1)　　144
　　+312

(2)　　416
　　+342

(3)　　534
　　+215

(4)　　170
　　+562

(5)　　282
　　+194

(6)　　477
　　+498

26 時こくと時間②

目ひょう時間 🕐 20分

✏ 学習した日　　　月　　　日

名前

とく点　／100点

1326
解説→178ページ

❶ 2時40分の45分後の時こくを考えます。次の ☐ にあてはまる数を書きましょう。　【全部できて23点】

2時40分から3時まではあと ☐ 分です。

45分は ☐ 分と25分に分けられます。

3時まで ☐ 分なので、3時から ☐ 分になります。

時こくは ☐ 時 ☐ 分です。

❷ 5時30分から6時10分までの時間を考えます。次の ☐ にあてはまる数を書きましょう。　【全部できて23点】

5時30分から6時までの時間は ☐ 分です。

6時から6時10分までの時間は ☐ 分です。

5時30分から6時10分までの時間は、合わせて ☐ 分です。

❸ 次の時こくや時間をもとめましょう。　1つ6点【30点】

(1) 1時40分の45分後の時こく
（　　　　　　　）

(2) 5時40分の80分前の時こく
（　　　　　　　）

(3) 2時20分から3時10分までの時間
（　　　　　　　）

(4) 3時50分から4時15分までの時間
（　　　　　　　）

(5) 4時45分から5時20分までの時間
（　　　　　　　）

🔄 **次の筆算をしましょう。**　1つ4点【24点】

スパイラルコーナー

(1)　　337
　　－125

(2)　　568
　　－143

(3)　　959
　　－726

(4)　　660
　　－339

(5)　　302
　　－195

(6)　　914
　　－459

26 時こくと時間②

学習した日　　　月　　　日　　　とく点

名前

／100点

❶ 2時40分の45分後の時こくを考えます。次の□にあてはまる数を書きましょう。　【全部できて23点】

2時40分から3時まではあと□分です。

45分は□分と25分に分けられます。

3時まで□分なので、3時から□分になります。

時こくは□時□分です。

❷ 5時30分から6時10分までの時間を考えます。次の□にあてはまる数を書きましょう。　【全部できて23点】

5時30分から6時までの時間は□分です。

6時から6時10分までの時間は□分です。

5時30分から6時10分までの時間は、合わせて□分です。

❸ 次の時こくや時間をもとめましょう。　1つ6点【30点】

(1) 1時40分の45分後の時こく
（　　　　　　　）

(2) 5時40分の80分前の時こく
（　　　　　　　）

(3) 2時20分から3時10分までの時間
（　　　　　　　）

(4) 3時50分から4時15分までの時間
（　　　　　　　）

(5) 4時45分から5時20分までの時間
（　　　　　　　）

🔄 次の筆算をしましょう。　1つ4点【24点】

スパイラルコーナー

(1)
```
  337
- 125
```

(2)
```
  568
- 143
```

(3)
```
  959
- 726
```

(4)
```
  660
- 339
```

(5)
```
  302
- 195
```

(6)
```
  914
- 459
```

目ひょう時間 20分

学習した日　　　月　　　日

名前

とく点

/100点

1327
解説→178ページ

❶ 次の □ にあてはまる数を書きましょう。 1つ4点【40点】

(1) 3km = □ m

(2) 2km400m = □ m

(3) 3000m = □ km

(4) 4500m = □ km □ m

(5) 4km350m = □ m

(6) 6km120m = □ m

(7) 7150m = □ km □ m

(8) 9050m = □ km □ m

(9) 5km650m = □ m

(10) 6280m = □ km □ m

❷ 次の □ にあてはまる数を書きましょう。 1つ6点【30点】

(1) 2km100m + 3km400m = □ km □ m

(2) 6km600m + 2km300m = □ km □ m

(3) 3km900m − 1km700m = □ km □ m

(4) 2km600m − 1km200m = □ km □ m

(5) 4km700m − 2km100m = □ km □ m

次の筆算をしましょう。 1つ5点【30点】

スパイラル
コーナー

(1)
```
  1674
+ 5115
```

(2)
```
  1107
+ 6322
```

(3)
```
  5624
+ 3011
```

(4)
```
  4570
+ 4399
```

(5)
```
  3538
+ 2807
```

(6)
```
  4827
+ 2684
```

27 長さ ①

✎ 学習した日	月	日	とく点
名前			/100点

1327
解説→178ページ

---

❶ 次の ▢ にあてはまる数を書きましょう。　1つ4点【40点】

(1)　3km ＝ ▢ m

(2)　2km400m ＝ ▢ m

(3)　3000m ＝ ▢ km

(4)　4500m ＝ ▢ km ▢ m

(5)　4km350m ＝ ▢ m

(6)　6km120m ＝ ▢ m

(7)　7150m ＝ ▢ km ▢ m

(8)　9050m ＝ ▢ km ▢ m

(9)　5km650m ＝ ▢ m

(10)　6280m ＝ ▢ km ▢ m

---

❷ 次の ▢ にあてはまる数を書きましょう。　1つ6点【30点】

(1)　2km100m＋3km400m ＝ ▢ km ▢ m

(2)　6km600m＋2km300m ＝ ▢ km ▢ m

(3)　3km900m－1km700m ＝ ▢ km ▢ m

(4)　2km600m－1km200m ＝ ▢ km ▢ m

(5)　4km700m－2km100m ＝ ▢ km ▢ m

🔁 次の筆算をしましょう。　1つ5点【30点】

スパイラル
コーナー

(1)
```
  1 6 7 4
＋ 5 1 1 5
```

(2)
```
  1 1 0 7
＋ 6 3 2 2
```

(3)
```
  5 6 2 4
＋ 3 0 1 1
```

(4)
```
  4 5 7 0
＋ 4 3 9 9
```

(5)
```
  3 5 3 8
＋ 2 8 0 7
```

(6)
```
  4 8 2 7
＋ 2 6 8 4
```

目ひょう時間 **20分**

✐学習した日　　　月　　　日

名前

とく点　／100点

1328
解説→178ページ

❶ 3km400m＋2km700mの計算を考えます。次の[　]
にあてはまる数を書きましょう。
【全部できて25点】

同じたんいの数どうしを計算します。

3km400m＋2km700m

＝5km[　　　]m

＝[　　　]km[　　　]m

❷ 5km200m－2km800mの計算を考えます。次の[　]
にあてはまる数を書きましょう。
【全部できて25点】

5km200m＝4km[　　　]m

同じたんいの数どうしを計算します。

5km200m－2km800m

＝4km[　　　]m－2km800m

＝[　　　]km[　　　]m

❸ 次の[　]にあてはまる数を書きましょう。
1つ4点【20点】

(1) 2km600m＋3km700m＝[　　　]km[　　　]m

(2) 6km600m＋7km500m＝[　　　]km[　　　]m

(3) 3km200m－1km800m＝[　　　]km[　　　]m

(4) 10km300m－5km700m＝[　　　]km[　　　]m

(5) 12km400m－9km600m＝[　　　]km[　　　]m

↻ 次の筆算をしましょう。
1つ5点【30点】

スパイラル
コーナー

(1)
```
  7618
- 5215
```

(2)
```
  8619
- 5402
```

(3)
```
  6422
- 3201
```

(4)
```
  8325
- 2872
```

(5)
```
  8445
- 3652
```

(6)
```
  3407
- 1598
```

28 長さ②

❶ 3km400m＋2km700mの計算を考えます。次の □ にあてはまる数を書きましょう。　【全部できて25点】

同じたんいの数どうしを計算します。

3km400m＋2km700m

＝5km □ m

＝ □ km □ m

❷ 5km200m－2km800mの計算を考えます。次の □ にあてはまる数を書きましょう。　【全部できて25点】

5km200m＝4km □ m

同じたんいの数どうしを計算します。

5km200m－2km800m

＝4km □ m－2km800m

＝ □ km □ m

❸ 次の □ にあてはまる数を書きましょう。　1つ4点【20点】

(1) 2km600m＋3km700m＝ □ km □ m

(2) 6km600m＋7km500m＝ □ km □ m

(3) 3km200m－1km800m＝ □ km □ m

(4) 10km300m－5km700m＝ □ km □ m

(5) 12km400m－9km600m＝ □ km □ m

 次の筆算をしましょう。　1つ5点【30点】

スパイラル
コーナー

(1)
```
  7 6 1 8
- 5 2 1 5
```

(2)
```
  8 6 1 9
- 5 4 0 2
```

(3)
```
  6 4 2 2
- 3 2 0 1
```

(4)
```
  8 3 2 5
- 2 8 7 2
```

(5)
```
  8 4 4 5
- 3 6 5 2
```

(6)
```
  3 4 0 7
- 1 5 9 8
```

❶ 次の時こくや時間をもとめましょう。　　1つ6点【30点】

(1) 1時15分の80分後の時こく

（　　　　　　　　）

(2) 3時50分の70分前の時こく

（　　　　　　　　）

(3) 4時40分から5時30分までの時間

（　　　　　　　　）

(4) 2時50分から3時10分までの時間

（　　　　　　　　）

(5) 5時40分から6時20分までの時間

（　　　　　　　　）

❷ 次の ☐ にあてはまる数を書きましょう。　1つ8点【32点】

(1) 6km700m＋4km700m＝ ☐ km ☐ m

(2) 2km300m＋5km900m＝ ☐ km ☐ m

(3) 8km100m－2km400m＝ ☐ km ☐ m

(4) 7km100m－5km900m＝ ☐ km ☐ m

❸ （　）にあてはまるたんいを書きましょう。　1つ5点【20点】

(1) 家から学校まで行くのにかかる時間　　20（　　　　）

(2) 遊園地の開園からへい園までの時間　　12（　　　　）

(3) 50mを走るのにかかる時間　　10（　　　　）

(4) 交通信号の青がついている時間　　90（　　　　）

❹ ゆいなさんはハイキングで出発地点からチェックポイントまで2km700mを歩き、その後、チェックポイントから目的地まで1km600mを歩きました。全部でどれだけ歩きましたか。　　【全部できて18点】

(式)

答え（　　　　　　　　）

29 まとめのテスト❺

目ひょう時間 **20**分

らくらくマルつけ

1329
解説→179ページ

学習した日　　月　　日　　とく点

名前

／100点

❶ 次の時こくや時間をもとめましょう。　1つ6点【30点】

(1)　1時15分の80分後の時こく

（　　　　　　　　）

(2)　3時50分の70分前の時こく

（　　　　　　　　）

(3)　4時40分から5時30分までの時間

（　　　　　　　　）

(4)　2時50分から3時10分までの時間

（　　　　　　　　）

(5)　5時40分から6時20分までの時間

（　　　　　　　　）

❷ 次の □ にあてはまる数を書きましょう。　1つ8点【32点】

(1)　6km700m＋4km700m＝ [　　] km [　　] m

(2)　2km300m＋5km900m＝ [　　] km [　　] m

(3)　8km100m−2km400m＝ [　　] km [　　] m

(4)　7km100m−5km900m＝ [　　] km [　　] m

❸ （　）にあてはまるたんいを書きましょう。　1つ5点【20点】

(1)　家から学校まで行くのにかかる時間　　20（　　　）

(2)　遊園地の開園からへい園までの時間　　12（　　　）

(3)　50mを走るのにかかる時間　　10（　　　）

(4)　交通信号の青がついている時間　　90（　　　）

❹ ゆいなさんはハイキングで出発地点からチェックポイントまで2km700mを歩き、その後、チェックポイントから目的地まで1km600mを歩きました。全部でどれだけ歩きましたか。　【全部できて18点】

(式)

答え（　　　　　　　　）

30 あまりのあるわり算①

目ひょう時間 ⏱ **20**分

📝 学習した日　　　月　　　日

名前

とく点

／100点

1330
解説→179ページ

❶ 11÷2の計算を考えます。次の □□□ にあてはまる数を書きましょう。

1つ3点【12点】

$2 \times 5 =$ □　←11より1小さい（1あまる）

$2 \times 6 =$ □　←11より1大きい（1たりない）

$11 \div 2 =$ □ あまり □

❷ 11÷3の計算を考えます。次の □□□ にあてはまる数を書きましょう。

1つ3点【12点】

$3 \times 3 =$ □　←11より2小さい（2あまる）

$3 \times 4 =$ □　←11より1大きい（1たりない）

$11 \div 3 =$ □ あまり □

❸ 次の計算をしましょう。

1つ4点【32点】

(1) $13 \div 2 =$

(2) $7 \div 2 =$

(3) $9 \div 2 =$

(4) $19 \div 2 =$

(5) $15 \div 2 =$

(6) $3 \div 2 =$

(7) $17 \div 2 =$

(8) $5 \div 2 =$

❹ 次の計算をしましょう。

1つ4点【32点】

(1) $10 \div 3 =$

(2) $17 \div 3 =$

(3) $14 \div 3 =$

(4) $25 \div 3 =$

(5) $23 \div 3 =$

(6) $13 \div 3 =$

(7) $19 \div 3 =$

(8) $5 \div 3 =$

🔄 **次の時こくや時間をもとめましょう。**

1つ3点【12点】

スパイラルコーナー

(1) 11時20分の30分後の時こく

（　　　　　　　　　）

(2) 9時55分の20分前の時こく

（　　　　　　　　　）

(3) 12時23分の24分後の時こく

（　　　　　　　　　）

(4) 3時20分から4時15分までの時間

（　　　　　　　　　）

30 あまりのあるわり算①

学習した日　　月　　日　　とく点

名前

／100点

1330
解説→179ページ

❶ 11÷2の計算を考えます。次の□□□にあてはまる数を書きましょう。

1つ3点【12点】

2×5＝□□□　←11より1小さい（1あまる）

2×6＝□□□　←11より1大きい（1たりない）

11÷2＝□□□　あまり□□□

❷ 11÷3の計算を考えます。次の□□□にあてはまる数を書きましょう。

1つ3点【12点】

3×3＝□□□　←11より2小さい（2あまる）

3×4＝□□□　←11より1大きい（1たりない）

11÷3＝□□□　あまり□□□

❸ 次の計算をしましょう。

1つ4点【32点】

(1) 13÷2＝

(2) 7÷2＝

(3) 9÷2＝

(4) 19÷2＝

(5) 15÷2＝

(6) 3÷2＝

(7) 17÷2＝

(8) 5÷2＝

❹ 次の計算をしましょう。

1つ4点【32点】

(1) 10÷3＝

(2) 17÷3＝

(3) 14÷3＝

(4) 25÷3＝

(5) 23÷3＝

(6) 13÷3＝

(7) 19÷3＝

(8) 5÷3＝

🔄 次の時こくや時間をもとめましょう。

1つ3点【12点】

スパイラルコーナー (1) 11時20分の30分後の時こく

（　　　　　　　）

(2) 9時55分の20分前の時こく

（　　　　　　　）

(3) 12時23分の24分後の時こく

（　　　　　　　）

(4) 3時20分から4時15分までの時間

（　　　　　　　）

❶ 19÷4の計算を考えます。次の □ にあてはまる数を書きましょう。

1つ3点【12点】

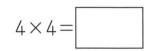 4×4 = ☐ ←19より3小さい（3あまる）

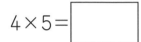 4×5 = ☐ ←19より1大きい（1たりない）

 19÷4 = ☐ あまり ☐

❷ 22÷5の計算を考えます。次の □ にあてはまる数を書きましょう。

1つ3点【12点】

5×4 = ☐ ←22より2小さい（2あまる）

5×5 = ☐ ←22より3大きい（3たりない）

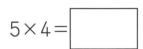 22÷5 = ☐ あまり ☐

❸ 次の計算をしましょう。

1つ4点【32点】

(1) 14÷4 =

(2) 39÷4 =

(3) 17÷4 =

(4) 29÷4 =

(5) 10÷4 =

(6) 35÷4 =

(7) 19÷4 =

(8) 23÷4 =

❹ 次の計算をしましょう。

1つ4点【32点】

(1) 14÷5 =

(2) 37÷5 =

(3) 48÷5 =

(4) 31÷5 =

(5) 18÷5 =

(6) 9÷5 =

(7) 27÷5 =

(8) 41÷5 =

 次の □ にあてはまる数を書きましょう。

1つ3点【12点】

(1) 220分 = ☐ 時間 ☐ 分

(2) 440分 = ☐ 時間 ☐ 分

(3) 2時間35分 = ☐ 分

(4) 4時間12分 = ☐ 分

31 あまりのあるわり算②

目ひょう時間
20分

学習した日　　　月　　　日　　とく点

名前

/100点

1331
解説→179ページ

❶ 19÷4の計算を考えます。次の□□□□にあてはまる数を書きましょう。

1つ3点【12点】

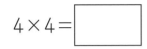

4×4＝□□□ ←19より3小さい（3あまる）

4×5＝□□□ ←19より1大きい（1たりない）

19÷4＝□□□ あまり □□□

❷ 22÷5の計算を考えます。次の□□□□にあてはまる数を書きましょう。

1つ3点【12点】

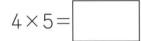

5×4＝□□□ ←22より2小さい（2あまる）

5×5＝□□□ ←22より3大きい（3たりない）

22÷5＝□□□ あまり □□□

❸ 次の計算をしましょう。

1つ4点【32点】

(1) 14÷4＝

(2) 39÷4＝

(3) 17÷4＝

(4) 29÷4＝

(5) 10÷4＝

(6) 35÷4＝

(7) 19÷4＝

(8) 23÷4＝

❹ 次の計算をしましょう。

1つ4点【32点】

(1) 14÷5＝

(2) 37÷5＝

(3) 48÷5＝

(4) 31÷5＝

(5) 18÷5＝

(6) 9÷5＝

(7) 27÷5＝

(8) 41÷5＝

次の□□□□にあてはまる数を書きましょう。

1つ3点【12点】

スパイラル
コーナー

(1) 220分＝□□□時間□□□分

(2) 440分＝□□□時間□□□分

(3) 2時間35分＝□□□分

(4) 4時間12分＝□□□分

目ひょう時間 ⏱ **20**分

学習した日　　　月　　　日

名前

とく点　　　／100点

1332
解説→180ページ

❶ 45÷6の計算を考えます。次の ☐ にあてはまる数を書きましょう。

1つ3点【12点】

6×7 = ☐　　←45より3小さい（3あまる）

6×8 = ☐　　←45より3大きい（3たりない）

45÷6 = ☐　あまり ☐

❷ 69÷7の計算を考えます。次の ☐ にあてはまる数を書きましょう。

1つ3点【12点】

7×9 = ☐　　←69より6小さい（6あまる）

7×10 = ☐　　←69より1大きい（1たりない）

69÷7 = ☐　あまり ☐

❸ 次の計算をしましょう。

1つ4点【32点】

(1) 39÷6 =　　　　(2) 43÷6 =

(3) 26÷6 =　　　　(4) 53÷6 =

(5) 16÷6 =　　　　(6) 19÷6 =

(7) 23÷6 =　　　　(8) 59÷6 =

❹ 次の計算をしましょう。

1つ4点【32点】

(1) 48÷7 =　　　　(2) 10÷7 =

(3) 15÷7 =　　　　(4) 58÷7 =

(5) 39÷7 =　　　　(6) 68÷7 =

(7) 26÷7 =　　　　(8) 50÷7 =

🔄 **次の時こくや時間をもとめましょう。**

1つ3点【12点】

スパイラルコーナー

(1) 11時50分の30分後の時こく

（　　　　　　　）

(2) 9時15分の20分前の時こく

（　　　　　　　）

(3) 11時20分から12時5分までの時間

（　　　　　　　）

(4) 3時55分から4時30分までの時間

（　　　　　　　）

32 あまりのあるわり算③

目ひょう時間
⏱
20分

学習した日　　　月　　　日

名前

とく点

／100点

1332
解説→180ページ

❶ 45÷6の計算を考えます。次の□□にあてはまる数を書きましょう。

1つ3点【12点】

6×7 = □□□□　←45より3小さい（3あまる）

6×8 = □□□□　←45より3大きい（3たりない）

45÷6 = □□□ あまり □□□

❷ 69÷7の計算を考えます。次の□□にあてはまる数を書きましょう。

1つ3点【12点】

7×9 = □□□□　←69より6小さい（6あまる）

7×10 = □□□□　←69より1大きい（1たりない）

69÷7 = □□□ あまり □□□

❸ 次の計算をしましょう。

1つ4点【32点】

(1) 39÷6 =

(2) 43÷6 =

(3) 26÷6 =

(4) 53÷6 =

(5) 16÷6 =

(6) 19÷6 =

(7) 23÷6 =

(8) 59÷6 =

❹ 次の計算をしましょう。

1つ4点【32点】

(1) 48÷7 =

(2) 10÷7 =

(3) 15÷7 =

(4) 58÷7 =

(5) 39÷7 =

(6) 68÷7 =

(7) 26÷7 =

(8) 50÷7 =

🔄 次の時こくや時間をもとめましょう。

1つ3点【12点】

スパイラルコーナー (1) 11時50分の30分後の時こく

（　　　　　　　）

(2) 9時15分の20分前の時こく

（　　　　　　　）

(3) 11時20分から12時5分までの時間

（　　　　　　　）

(4) 3時55分から4時30分までの時間

（　　　　　　　）

33 あまりのあるわり算④

目ひょう時間 ⏱ **20**分

📝 学習した日　　　月　　　日

名前

とく点　　　／100点

1333
解説→180ページ

らくらく
マルつけ

❶ 37÷8の計算を考えます。次の□にあてはまる数を書きましょう。　　　　1つ3点【12点】

$8×4=$ □ ←37より5小さい（5あまる）

$8×5=$ □ ←37より3大きい（3たりない）

$37÷8=$ □ あまり □

❷ 60÷9の計算を考えます。次の□にあてはまる数を書きましょう。　　　　1つ3点【12点】

$9×6=$ □ ←60より6小さい（6あまる）

$9×7=$ □ ←60より3大きい（3たりない）

$60÷9=$ □ あまり □

❸ 次の計算をしましょう。　　　　1つ4点【32点】

(1) $71÷8=$　　　　(2) $34÷8=$

(3) $76÷8=$　　　　(4) $13÷8=$

(5) $25÷8=$　　　　(6) $51÷8=$

(7) $61÷8=$　　　　(8) $68÷8=$

❹ 次の計算をしましょう。　　　　1つ4点【32点】

(1) $87÷9=$　　　　(2) $80÷9=$

(3) $48÷9=$　　　　(4) $19÷9=$

(5) $11÷9=$　　　　(6) $67÷9=$

(7) $71÷9=$　　　　(8) $53÷9=$

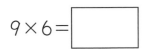 次の時こくや時間をもとめましょう。　　　　1つ3点【12点】

スパイラル
コーナー (1) 6時29分の39分後の時こく

（　　　　　　　）

(2) 3時17分の30分前の時こく

（　　　　　　　）

(3) 5時26分から6時23分までの時間

（　　　　　　　）

(4) 8時32分から9時13分までの時間

（　　　　　　　）

33 あまりのあるわり算④

学習した日　　　月　　　日　　とく点

名前

/100点

1333
解説→180ページ

---

❶ 37÷8の計算を考えます。次の□にあてはまる数を書きましょう。

1つ3点【12点】

$8 \times 4 =$ □　←37より5小さい（5あまる）

$8 \times 5 =$ □　←37より3大きい（3たりない）

$37 \div 8 =$ □　あまり □

❷ 60÷9の計算を考えます。次の□にあてはまる数を書きましょう。

1つ3点【12点】

$9 \times 6 =$ □　←60より6小さい（6あまる）

$9 \times 7 =$ □　←60より3大きい（3たりない）

$60 \div 9 =$ □　あまり □

❸ 次の計算をしましょう。

1つ4点【32点】

(1)　$71 \div 8 =$

(2)　$34 \div 8 =$

(3)　$76 \div 8 =$

(4)　$13 \div 8 =$

(5)　$25 \div 8 =$

(6)　$51 \div 8 =$

---

(7)　$61 \div 8 =$

(8)　$68 \div 8 =$

❹ 次の計算をしましょう。

1つ4点【32点】

(1)　$87 \div 9 =$

(2)　$80 \div 9 =$

(3)　$48 \div 9 =$

(4)　$19 \div 9 =$

(5)　$11 \div 9 =$

(6)　$67 \div 9 =$

(7)　$71 \div 9 =$

(8)　$53 \div 9 =$

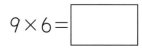 次の時こくや時間をもとめましょう。

1つ3点【12点】

スパイラル
コーナー
(1)　6時29分の39分後の時こく

（　　　　　　）

(2)　3時17分の30分前の時こく

（　　　　　　）

(3)　5時26分から6時23分までの時間

（　　　　　　）

(4)　8時32分から9時13分までの時間

（　　　　　　）

34 あまりのあるわり算⑤

目ひょう時間
⏱
20分

学習した日　　　月　　　日　　とく点

名前

／100点

1334
解説→181ページ

❶ 次の計算をしましょう。

1つ3点【30点】

(1) 37÷4＝

(2) 17÷3＝

(3) 18÷5＝

(4) 13÷2＝

(5) 15÷2＝

(6) 34÷4＝

(7) 16÷3＝

(8) 29÷5＝

(9) 15÷4＝

(10) 26÷3＝

❷ 次の計算をしましょう。

1つ3点【30点】

(1) 47÷6＝

(2) 43÷9＝

(3) 59÷7＝

(4) 65÷8＝

(5) 53÷7＝

(6) 11÷8＝

(7) 32÷9＝

(8) 50÷6＝

(9) 68÷7＝

(10) 75÷8＝

❸ 次の計算をしましょう。

1つ3点【24点】

(1) 10÷3＝

(2) 32÷6＝

(3) 77÷8＝

(4) 19÷4＝

(5) 24÷5＝

(6) 24÷7＝

(7) 85÷9＝

(8) 17÷2＝

 次の ☐ にあてはまる数を書きましょう。

1つ4点【16点】

スパイラル
コーナー

(1) 2km300m＋3km200m＝ ☐ km ☐ m

(2) 1km300m＋4km500m＝ ☐ km ☐ m

(3) 6km700m－2km200m＝ ☐ km ☐ m

(4) 5km400m－3km100m＝ ☐ km ☐ m

34 あまりのあるわり算⑤

目ひょう時間
⏱ 20分

学習した日　　　月　　　日

名前

とく点

/100点

1334
解説→181ページ

❶ 次の計算をしましょう。　1つ3点【30点】

(1) 37÷4＝

(2) 17÷3＝

(3) 18÷5＝

(4) 13÷2＝

(5) 15÷2＝

(6) 34÷4＝

(7) 16÷3＝

(8) 29÷5＝

(9) 15÷4＝

(10) 26÷3＝

❷ 次の計算をしましょう。　1つ3点【30点】

(1) 47÷6＝

(2) 43÷9＝

(3) 59÷7＝

(4) 65÷8＝

(5) 53÷7＝

(6) 11÷8＝

(7) 32÷9＝

(8) 50÷6＝

(9) 68÷7＝

(10) 75÷8＝

❸ 次の計算をしましょう。　1つ3点【24点】

(1) 10÷3＝

(2) 32÷6＝

(3) 77÷8＝

(4) 19÷4＝

(5) 24÷5＝

(6) 24÷7＝

(7) 85÷9＝

(8) 17÷2＝

 次の ☐ にあてはまる数を書きましょう。　1つ4点【16点】

スパイラル
コーナー

(1) 2km300m＋3km200m＝ ☐ km ☐ m

(2) 1km300m＋4km500m＝ ☐ km ☐ m

(3) 6km700m－2km200m＝ ☐ km ☐ m

(4) 5km400m－3km100m＝ ☐ km ☐ m

学習した日　　月　　日

名前

とく点　／100点

1335
解説→181ページ

❶ 「わられる数＝わる数×商＋あまり」を使って、あまりの
あるわり算の答えをたしかめます。次の □ にあてはま
る数を書きましょう。 【全部できて14点】

38÷5＝7あまり3です。

わられる数＝5×□＋3＝□

❷ 次のあまりのあるわり算の答えをたしかめましょう。

1つ7点【42点】

(1) 70÷8＝8あまり6
わられる数＝

(2) 25÷3＝8あまり1
わられる数＝

(3) 38÷6＝6あまり2
わられる数＝

(4) 24÷9＝2あまり6
わられる数＝

(5) 8÷5＝1あまり3
わられる数＝

(6) 67÷7＝9あまり4
わられる数＝

❸ あまりをどうするかに注意して、次の問いに答えましょう。
【28点】

(1) 54cmのリボンがあります。7cmのリボンは何本とれま
すか。 (全部できて14点)
(式)

答え(　　　　　)

(2) 4人がすわれるベンチがあります。38人がすわるために
は少なくとも何このベンチが必要ですか。 (全部できて14点)
(式)

答え(　　　　　)

↻ 次の □ にあてはまる数を書きましょう。 1つ4点【16点】
スパイラル
コーナー

(1) 1km300m＋2km800m＝□km□m

(2) 5km400m－2km500m＝□km□m

35 あまりのあるわり算⑥

学習した日　　　月　　　日　　とく点

名前

／100点

1335
解説→181ページ

---

❶ 「わられる数＝わる数×商＋あまり」を使って、あまりのあるわり算の答えをたしかめます。次の□にあてはまる数を書きましょう。　【全部できて14点】

38÷5＝7あまり3です。

わられる数＝5×□＋3＝□

❷ 次のあまりのあるわり算の答えをたしかめましょう。　1つ7点【42点】

(1) 70÷8＝8あまり6
わられる数＝

(2) 25÷3＝8あまり1
わられる数＝

(3) 38÷6＝6あまり2
わられる数＝

(4) 24÷9＝2あまり6
わられる数＝

(5) 8÷5＝1あまり3
わられる数＝

(6) 67÷7＝9あまり4
わられる数＝

---

❸ あまりをどうするかに注意して、次の問いに答えましょう。　【28点】

(1) 54cmのリボンがあります。7cmのリボンは何本とれますか。　（全部できて14点）

(式)

答え(　　　　　)

(2) 4人がすわれるベンチがあります。38人がすわるためには少なくとも何このベンチが必要ですか。　（全部できて14点）

(式)

答え(　　　　　)

スパイラルコーナー 次の□にあてはまる数を書きましょう。　1つ4点【16点】

(1) 1km300m＋2km800m＝□km□m

(2) 5km400m－2km500m＝□km□m

36 まとめのテスト❻

📝 学習した日　　　月　　　日

名前

とく点 ／100点

 らくらくマルつけ 1336 解説→182ページ

❶ 次の計算をしましょう。

1つ3点【66点】

(1) $28 \div 3 =$

(2) $15 \div 2 =$

(3) $30 \div 4 =$

(4) $22 \div 5 =$

(5) $13 \div 2 =$

(6) $11 \div 3 =$

(7) $36 \div 5 =$

(8) $23 \div 3 =$

(9) $19 \div 2 =$

(10) $8 \div 5 =$

(11) $27 \div 4 =$

(12) $17 \div 3 =$

(13) $27 \div 5 =$

(14) $3 \div 2 =$

(15) $26 \div 3 =$

(16) $9 \div 4 =$

(17) $11 \div 5 =$

(18) $16 \div 3 =$

(19) $14 \div 4 =$

(20) $7 \div 2 =$

(21) $9 \div 2 =$

(22) $5 \div 3 =$

❷ 28このミカンがあります。このミカンを1人に5こずつ分けるとき、何人に分けられて何こあまりますか。【全部できて11点】

(式)

答え(　　　　　　　　　　　)

❸ 4月は30日あります。これは何週間と何日ですか。

【全部できて11点】

(式)

答え(　　　　　　　　　　　)

❹ 本が18さつあります。あおいさんはこの本を1回に4さつまで運ぶことができます。何回運べば18さつすべてを運べますか。あまりをどうするかに注意して答えましょう。

【全部できて12点】

(式)

答え(　　　　　　　　　　　)

36 まとめのテスト❻

目ひょう時間
⏱ 20分

❶ 次の計算をしましょう。

1つ3点【66点】

(1) $28 \div 3 =$

(2) $15 \div 2 =$

(3) $30 \div 4 =$

(4) $22 \div 5 =$

(5) $13 \div 2 =$

(6) $11 \div 3 =$

(7) $36 \div 5 =$

(8) $23 \div 3 =$

(9) $19 \div 2 =$

(10) $8 \div 5 =$

(11) $27 \div 4 =$

(12) $17 \div 3 =$

(13) $27 \div 5 =$

(14) $3 \div 2 =$

(15) $26 \div 3 =$

(16) $9 \div 4 =$

(17) $11 \div 5 =$

(18) $16 \div 3 =$

(19) $14 \div 4 =$

(20) $7 \div 2 =$

(21) $9 \div 2 =$

(22) $5 \div 3 =$

❷ 28このミカンがあります。このミカンを1人に5こずつ分けるとき、何人に分けられて何こあまりますか。【全部できて11点】

(式)

答え(　　　　　　　　　　)

❸ 4月は30日あります。これは何週間と何日ですか。

【全部できて11点】

(式)

答え(　　　　　　　　　　)

❹ 本が18さつあります。あおいさんはこの本を1回に4さつまで運ぶことができます。何回運べば18さつすべてを運べますか。あまりをどうするかに注意して答えましょう。

【全部できて12点】

(式)

答え(　　　　　　　　　　)

目ひょう時間 ⏱ **20分**

学習した日　　　月　　　日　　とく点

名前

／100点

1337
解説→182ページ

❶ 次の計算をしましょう。

1つ3点【66点】

(1)　43÷6＝

(2)　19÷8＝

(3)　23÷7＝

(4)　33÷6＝

(5)　47÷9＝

(6)　50÷7＝

(7)　34÷8＝

(8)　28÷6＝

(9)　76÷9＝

(10)　51÷8＝

(11)　70÷8＝

(12)　37÷9＝

(13)　57÷6＝

(14)　45÷8＝

(15)　11÷7＝

(16)　59÷8＝

(17)　53÷9＝

(18)　14÷6＝

(19)　41÷8＝

(20)　39÷7＝

(21)　45÷6＝

(22)　26÷7＝

❷ 36本のえんぴつがあります。これを5人で同じ数ずつ分けるとき、1人分は何本になりますか。また、えんぴつは何本あまりますか。

【全部できて11点】

(式)

答え(　　　　　　　　　)

❸ 40このおはじきがあります。これを9人で同じ数ずつ分けるとき、1人分は何こになりますか。また、おはじきは何こあまりますか。

【全部できて11点】

(式)

答え(　　　　　　　　　)

❹ はばが26cmの本だながあります。この本だなにあつさ3cmの本をならべるとき、何さつならべることができますか。あまりをどうするかに注意して答えましょう。

【全部できて12点】

(式)

答え(　　　　　　　　　)

37 まとめのテスト❼

学習した日　　　月　　　日　　とく点

名前

／100点

1337
解説→182ページ

❶ 次の計算をしましょう。

1つ3点【66点】

(1) $43 \div 6 =$

(2) $19 \div 8 =$

(3) $23 \div 7 =$

(4) $33 \div 6 =$

(5) $47 \div 9 =$

(6) $50 \div 7 =$

(7) $34 \div 8 =$

(8) $28 \div 6 =$

(9) $76 \div 9 =$

(10) $51 \div 8 =$

(11) $70 \div 8 =$

(12) $37 \div 9 =$

(13) $57 \div 6 =$

(14) $45 \div 8 =$

(15) $11 \div 7 =$

(16) $59 \div 8 =$

(17) $53 \div 9 =$

(18) $14 \div 6 =$

(19) $41 \div 8 =$

(20) $39 \div 7 =$

(21) $45 \div 6 =$

(22) $26 \div 7 =$

❷ 36本のえんぴつがあります。これを5人で同じ数ずつ分けるとき、1人分は何本になりますか。また、えんぴつは何本あまりますか。

【全部できて11点】

(式)

答え(　　　　　　　　　)

❸ 40このおはじきがあります。これを9人で同じ数ずつ分けるとき、1人分は何こになりますか。また、おはじきは何こあまりますか。

【全部できて11点】

(式)

答え(　　　　　　　　　)

❹ はばが26cmの本だながあります。この本だなにあつさ3cmの本をならべるとき、何さつならべることができますか。あまりをどうするかに注意して答えましょう。

【全部できて12点】

(式)

答え(　　　　　　)

目ひょう時間 ⏱ **20分**

学習した日　　月　　日

名前

とく点 ／100点

 1338
解説→183ページ

 らくらくマルつけ

❶ 次の数を書きましょう。　　　　1つ4点【16点】

(1) 一万を4こ、千を3こ、百を7こ、十を7こ、一を6こ合わせた数

（　　　　　　　　　）

(2) 一万を2こ、千を9こ、百を7こ、十を5こ、一を1こ合わせた数

（　　　　　　　　　）

(3) 百万を5こ、十万を3こ、千を9こ合わせた数

（　　　　　　　　　）

(4) 千万を1こ、百万を4こ、一万を9こ合わせた数

（　　　　　　　　　）

❷ 次の数を数字で書きましょう。　　　　1つ4点【16点】

(1) 1000を12こ集めた数 （　　　　　　　　　）

(2) 1000を100こ集めた数 （　　　　　　　　　）

(3) 10000を23こ集めた数 （　　　　　　　　　）

(4) 100000を45こ集めた数 （　　　　　　　　　）

❸ 次の計算をしましょう。　　　　1つ3点【36点】

(1) $2000+5000=$

(2) $35000-2000=$

(3) $6000+7000=$

(4) $64000-6000=$

(5) 12万＋63万＝

(6) 57万－6万＝

(7) 28万＋33万＝

(8) 67万－9万＝

(9) 9万＋45万＝

(10) 34万－17万＝

(11) 34万＋58万＝

(12) 46万－28万＝

🔄 次の計算をしましょう。　　　　1つ4点【32点】

スパイラルコーナー

(1) $5÷2=$

(2) $11÷2=$

(3) $8÷3=$

(4) $7÷3=$

(5) $17÷3=$

(6) $13÷3=$

(7) $26÷3=$

(8) $28÷3=$

38 大きい数①

目ひょう時間
⏱
20分

学習した日　　月　　日

名前

とく点

／100点

1338
解説→183ページ

❶ 次の数を書きましょう。　　　　　1つ4点【16点】

(1) 一万を4こ、千を3こ、百を7こ、十を7こ、一を6こ合わせた数

（　　　　　　　　　）

(2) 一万を2こ、千を9こ、百を7こ、十を5こ、一を1こ合わせた数

（　　　　　　　　　）

(3) 百万を5こ、十万を3こ、千を9こ合わせた数

（　　　　　　　　　）

(4) 千万を1こ、百万を4こ、一万を9こ合わせた数

（　　　　　　　　　）

❷ 次の数を数字で書きましょう。　　　　　1つ4点【16点】

(1) 1000を12こ集めた数　　（　　　　　　　　　）

(2) 1000を100こ集めた数　　（　　　　　　　　　）

(3) 10000を23こ集めた数　　（　　　　　　　　　）

(4) 100000を45こ集めた数　　（　　　　　　　　　）

❸ 次の計算をしましょう。　　　　　1つ3点【36点】

(1) 2000+5000=
(2) 35000−2000=

(3) 6000+7000=
(4) 64000−6000=

(5) 12万+63万=
(6) 57万−6万=

(7) 28万+33万=
(8) 67万−9万=

(9) 9万+45万=
(10) 34万−17万=

(11) 34万+58万=
(12) 46万−28万=

🔄 次の計算をしましょう。　　　　　1つ4点【32点】

スパイラル
コーナー
(1) 5÷2=
(2) 11÷2=

(3) 8÷3=
(4) 7÷3=

(5) 17÷3=
(6) 13÷3=

(7) 26÷3=
(8) 28÷3=

目ひょう時間
🕐
20分

学習した日　　　月　　　日
名前

とく点
／100点

1339
解説→183ページ

❶ 次の数を書きましょう。

1つ3点【12点】

(1) 15を10倍した数　　　（　　　　　）

(2) 150を10でわった数　（　　　　　）

(3) 42を10倍した数　　　（　　　　　）

(4) 420を10でわった数　（　　　　　）

❷ 次の計算をしましょう。

1つ3点【36点】

(1) 23×10＝

(2) 230÷10＝

(3) 31×10＝

(4) 310÷10＝

(5) 76×10＝

(6) 540÷10＝

(7) 180×10＝

(8) 2600÷10＝

(9) 690×10＝

(10) 8300÷10＝

(11) 990×10＝

(12) 9800÷10＝

❸ 次の計算をしましょう。

1つ3点【36点】

(1) 57×100＝

(2) 67×100＝

(3) 33×100＝

(4) 82×100＝

(5) 17×1000＝

(6) 73×1000＝

(7) 49×1000＝

(8) 91×1000＝

(9) 58×1000＝

(10) 36×1000＝

(11) 98×1000＝

(12) 25×1000＝

🔄 次の計算をしましょう。

1つ2点【16点】

スパイラル
コーナー (1) 6÷4＝

(2) 11÷4＝

(3) 12÷5＝

(4) 19÷5＝

(5) 25÷4＝

(6) 17÷4＝

(7) 48÷5＝

(8) 41÷5＝

39 大きい数②

🖉 学習した日　　　月　　　日

名前

とく点　　／100点

1339
解説→183ページ

---

❶ 次の数を書きましょう。 1つ3点【12点】

(1) 15 を 10 倍した数 （　　　　　）

(2) 150 を 10 でわった数 （　　　　　）

(3) 42 を 10 倍した数 （　　　　　）

(4) 420 を 10 でわった数 （　　　　　）

❷ 次の計算をしましょう。 1つ3点【36点】

(1) $23 \times 10 =$　　　(2) $230 \div 10 =$

(3) $31 \times 10 =$　　　(4) $310 \div 10 =$

(5) $76 \times 10 =$　　　(6) $540 \div 10 =$

(7) $180 \times 10 =$　　　(8) $2600 \div 10 =$

(9) $690 \times 10 =$　　　(10) $8300 \div 10 =$

(11) $990 \times 10 =$　　　(12) $9800 \div 10 =$

❸ 次の計算をしましょう。 1つ3点【36点】

(1) $57 \times 100 =$　　　(2) $67 \times 100 =$

(3) $33 \times 100 =$　　　(4) $82 \times 100 =$

(5) $17 \times 1000 =$　　　(6) $73 \times 1000 =$

(7) $49 \times 1000 =$　　　(8) $91 \times 1000 =$

(9) $58 \times 1000 =$　　　(10) $36 \times 1000 =$

(11) $98 \times 1000 =$　　　(12) $25 \times 1000 =$

🔄 次の計算をしましょう。 1つ2点【16点】

スパイラルコーナー

(1) $6 \div 4 =$　　　(2) $11 \div 4 =$

(3) $12 \div 5 =$　　　(4) $19 \div 5 =$

(5) $25 \div 4 =$　　　(6) $17 \div 4 =$

(7) $48 \div 5 =$　　　(8) $41 \div 5 =$

学習した日　　月　　日

名前

とく点

／100点

1340
解説→183ページ

❶ 2×3＝6、4×2＝8、3×3＝9をもとにして、次の計算をしましょう。

1つ2点【12点】

(1) 20×3＝

(2) 200×3＝

(3) 40×2＝

(4) 400×2＝

(5) 30×3＝

(6) 300×3＝

❷ 2×6＝12、4×5＝20、6×7＝42、8×9＝72をもとにして、次の計算をしましょう。

1つ2点【16点】

(1) 20×6＝

(2) 200×6＝

(3) 40×5＝

(4) 400×5＝

(5) 60×7＝

(6) 600×7＝

(7) 80×9＝

(8) 800×9＝

❸ 次の計算をしましょう。

1つ3点【48点】

(1) 30×4＝

(2) 40×6＝

(3) 50×8＝

(4) 60×2＝

(5) 200×8＝

(6) 400×7＝

(7) 500×4＝

(8) 300×8＝

(9) 900×7＝

(10) 700×5＝

(11) 800×6＝

(12) 300×9＝

(13) 400×4＝

(14) 900×6＝

(15) 600×5＝

(16) 700×3＝

🔄 次の計算をしましょう。

1つ3点【24点】

スパイラルコーナー (1) 20÷6＝

(2) 13÷6＝

(3) 30÷7＝

(4) 25÷7＝

(5) 47÷6＝

(6) 33÷6＝

(7) 57÷7＝

(8) 69÷7＝

40 1けたの数をかけるかけ算①

目ひょう時間
20分

学習した日　　　月　　　日

名前

とく点

／100点

1340
解説→183ページ

❶ 2×3＝6、4×2＝8、3×3＝9をもとにして、次の計算をしましょう。

1つ2点【12点】

(1) 20×3＝

(2) 200×3＝

(3) 40×2＝

(4) 400×2＝

(5) 30×3＝

(6) 300×3＝

❷ 2×6＝12、4×5＝20、6×7＝42、8×9＝72をもとにして、次の計算をしましょう。

1つ2点【16点】

(1) 20×6＝

(2) 200×6＝

(3) 40×5＝

(4) 400×5＝

(5) 60×7＝

(6) 600×7＝

(7) 80×9＝

(8) 800×9＝

❸ 次の計算をしましょう。

1つ3点【48点】

(1) 30×4＝

(2) 40×6＝

(3) 50×8＝

(4) 60×2＝

(5) 200×8＝

(6) 400×7＝

(7) 500×4＝

(8) 300×8＝

(9) 900×7＝

(10) 700×5＝

(11) 800×6＝

(12) 300×9＝

(13) 400×4＝

(14) 900×6＝

(15) 600×5＝

(16) 700×3＝

 次の計算をしましょう。

1つ3点【24点】

スパイラルコーナー (1) 20÷6＝

(2) 13÷6＝

(3) 30÷7＝

(4) 25÷7＝

(5) 47÷6＝

(6) 33÷6＝

(7) 57÷7＝

(8) 69÷7＝

41 1けたの数をかけるかけ算②

✐ 学習した日　　　月　　　日　　とく点

名前

／100点

1341 解説→184ページ

❶ 次の □ にあてはまる数を書きましょう。 【16点】

(1) 12×4 を計算します。

12を10と2に分けて

10×4= □ 、2×4= □

合わせて、12×4= □ （全部できて8点）

(2) 32×3 を計算します。

32を30と2に分けて

30×3= □ 、2×3= □

合わせて、32×3= □ （全部できて8点）

❷ 次の筆算をしましょう。 1つ4点【24点】

(1)
```
  2 0
×   2
```

(2)
```
  4 0
×   2
```

(3)
```
  2 0
×   3
```

(4)
```
  3 1
×   3
```

(5)
```
  1 1
×   7
```

(6)
```
  2 1
×   4
```

❸ 次の筆算をしましょう。 1つ4点【36点】

(1)
```
  1 3
×   3
```

(2)
```
  2 4
×   2
```

(3)
```
  4 2
×   2
```

(4)
```
  4 4
×   2
```

(5)
```
  3 3
×   3
```

(6)
```
  2 2
×   4
```

(7)
```
  3 4
×   2
```

(8)
```
  2 3
×   3
```

(9)
```
  3 2
×   3
```

🔄 次の計算をしましょう。 1つ3点【24点】

スパイラルコーナー

(1) 23÷8=

(2) 61÷8=

(3) 83÷9=

(4) 31÷9=

(5) 33÷8=

(6) 43÷8=

(7) 71÷9=

(8) 51÷9=

41 1けたの数をかけるかけ算②

目ひょう時間 ⏱ **20分**

学習した日　　月　　日　　とく点

名前

／100点

1341
解説→184ページ

❶ 次の □ にあてはまる数を書きましょう。　　　【16点】

(1) 12×4 を計算します。
12 を 10 と 2 に分けて

10×4 = ☐ 、2×4 = ☐

合わせて、12×4 = ☐　　　（全部できて8点）

(2) 32×3 を計算します。
32 を 30 と 2 に分けて

30×3 = ☐ 、2×3 = ☐

合わせて、32×3 = ☐　　　（全部できて8点）

❷ 次の筆算をしましょう。　　　1つ4点【24点】

(1)
```
  20
×  2
────
```

(2)
```
  40
×  2
────
```

(3)
```
  20
×  3
────
```

(4)
```
  31
×  3
────
```

(5)
```
  11
×  7
────
```

(6)
```
  21
×  4
────
```

❸ 次の筆算をしましょう。　　　1つ4点【36点】

(1)
```
  13
×  3
────
```

(2)
```
  24
×  2
────
```

(3)
```
  42
×  2
────
```

(4)
```
  44
×  2
────
```

(5)
```
  33
×  3
────
```

(6)
```
  22
×  4
────
```

(7)
```
  34
×  2
────
```

(8)
```
  23
×  3
────
```

(9)
```
  32
×  3
────
```

🔄 次の計算をしましょう。　　　1つ3点【24点】

スパイラルコーナー

(1) 23÷8 ＝　　　(2) 61÷8 ＝

(3) 83÷9 ＝　　　(4) 31÷9 ＝

(5) 33÷8 ＝　　　(6) 43÷8 ＝

(7) 71÷9 ＝　　　(8) 51÷9 ＝

✏ 学習した日　　　月　　　日

名前

とく点

／100点

1342
解説→184ページ

❶ 次の筆算をしましょう。　1つ4点【24点】

(1)
```
  1 5
×   6
```

(2)
```
  4 8
×   2
```

(3)
```
  2 3
×   4
```

(4)
```
  3 4
×   3
```

(5)
```
  1 3
×   8
```

(6)
```
  2 8
×   4
```

❷ 次の筆算をしましょう。　1つ4点【24点】

(1)
```
  7 2
×   4
```

(2)
```
  6 4
×   2
```

(3)
```
  5 3
×   3
```

(4)
```
  4 1
×   6
```

(5)
```
  8 2
×   4
```

(6)
```
  9 1
×   8
```

❸ 次の筆算をしましょう。　1つ4点【36点】

(1)
```
  8 6
×   3
```

(2)
```
  7 8
×   4
```

(3)
```
  9 3
×   8
```

(4)
```
  6 4
×   5
```

(5)
```
  5 5
×   7
```

(6)
```
  3 7
×   6
```

(7)
```
  8 3
×   4
```

(8)
```
  5 8
×   9
```

(9)
```
  3 6
×   4
```

次の計算をしましょう。　1つ2点【16点】

スパイラルコーナー

(1) $17 \div 6 =$

(2) $11 \div 3 =$

(3) $44 \div 9 =$

(4) $29 \div 4 =$

(5) $42 \div 5 =$

(6) $54 \div 8 =$

(7) $11 \div 2 =$

(8) $66 \div 7 =$

42 1けたの数をかけるかけ算③

目ひょう時間
⏱ 20分

| 学習した日 | 月 | 日 | とく点 |

名前

／100点

1342
解説→184ページ

らくらくマルつけ

❶ 次の筆算をしましょう。　　　1つ4点【24点】

(1)
```
  1 5
×   6
```

(2)
```
  4 8
×   2
```

(3)
```
  2 3
×   4
```

(4)
```
  3 4
×   3
```

(5)
```
  1 3
×   8
```

(6)
```
  2 8
×   4
```

❷ 次の筆算をしましょう。　　　1つ4点【24点】

(1)
```
  7 2
×   4
```

(2)
```
  6 4
×   2
```

(3)
```
  5 3
×   3
```

(4)
```
  4 1
×   6
```

(5)
```
  8 2
×   4
```

(6)
```
  9 1
×   8
```

❸ 次の筆算をしましょう。　　　1つ4点【36点】

(1)
```
  8 6
×   3
```

(2)
```
  7 8
×   4
```

(3)
```
  9 3
×   8
```

(4)
```
  6 4
×   5
```

(5)
```
  5 5
×   7
```

(6)
```
  3 7
×   6
```

(7)
```
  8 3
×   4
```

(8)
```
  5 8
×   9
```

(9)
```
  3 6
×   4
```

↻ 次の計算をしましょう。　　　1つ2点【16点】

スパイラルコーナー

(1) $17 \div 6 =$

(2) $11 \div 3 =$

(3) $44 \div 9 =$

(4) $29 \div 4 =$

(5) $42 \div 5 =$

(6) $54 \div 8 =$

(7) $11 \div 2 =$

(8) $66 \div 7 =$

学習した日　　　月　　　日　　とく点

名前

／100点

1343
解説→185ページ

らくらく
マルつけ

❶ 次の筆算をしましょう。　1つ4点【24点】

(1)
```
   3 3 0
 ×     2
```

(2)
```
   2 2 1
 ×     4
```

(3)
```
   2 4 0
 ×     2
```

(4)
```
   3 4 1
 ×     2
```

(5)
```
   3 2 0
 ×     3
```

(6)
```
   4 4 1
 ×     2
```

❷ 次の筆算をしましょう。　1つ4点【24点】

(1)
```
   2 1 4
 ×     2
```

(2)
```
   4 0 4
 ×     2
```

(3)
```
   2 1 3
 ×     3
```

(4)
```
   3 0 3
 ×     3
```

(5)
```
   2 1 1
 ×     4
```

(6)
```
   2 0 2
 ×     4
```

❸ 次の筆算をしましょう。　1つ4点【36点】

(1)
```
   4 3 4
 ×     2
```

(2)
```
   2 2 3
 ×     3
```

(3)
```
   2 3 2
 ×     3
```

(4)
```
   3 3 2
 ×     3
```

(5)
```
   4 3 2
 ×     2
```

(6)
```
   2 2 2
 ×     4
```

(7)
```
   1 3 3
 ×     3
```

(8)
```
   1 2 1
 ×     4
```

(9)
```
   4 4 4
 ×     2
```

🔄 次の計算をしましょう。　1つ2点【16点】

スパイラル
コーナー

(1) $15 \div 2 =$

(2) $68 \div 8 =$

(3) $14 \div 4 =$

(4) $19 \div 3 =$

(5) $33 \div 7 =$

(6) $12 \div 5 =$

(7) $57 \div 6 =$

(8) $53 \div 9 =$

43 1けたの数をかけるかけ算④

目ひょう時間 ⏱ 20分

学習した日　　月　　日

名前

とく点　／100点

1343
解説→185ページ

❶ 次の筆算をしましょう。　1つ4点【24点】

(1)
```
  3 3 0
×     2
```

(2)
```
  2 2 1
×     4
```

(3)
```
  2 4 0
×     2
```

(4)
```
  3 4 1
×     2
```

(5)
```
  3 2 0
×     3
```

(6)
```
  4 4 1
×     2
```

❷ 次の筆算をしましょう。　1つ4点【24点】

(1)
```
  2 1 4
×     2
```

(2)
```
  4 0 4
×     2
```

(3)
```
  2 1 3
×     3
```

(4)
```
  3 0 3
×     3
```

(5)
```
  2 1 1
×     4
```

(6)
```
  2 0 2
×     4
```

❸ 次の筆算をしましょう。　1つ4点【36点】

(1)
```
  4 3 4
×     2
```

(2)
```
  2 2 3
×     3
```

(3)
```
  2 3 2
×     3
```

(4)
```
  3 3 2
×     3
```

(5)
```
  4 3 2
×     2
```

(6)
```
  2 2 2
×     4
```

(7)
```
  1 3 3
×     3
```

(8)
```
  1 2 1
×     4
```

(9)
```
  4 4 4
×     2
```

↻ 次の計算をしましょう。　1つ2点【16点】

スパイラルコーナー

(1) $15 \div 2 =$

(2) $68 \div 8 =$

(3) $14 \div 4 =$

(4) $19 \div 3 =$

(5) $33 \div 7 =$

(6) $12 \div 5 =$

(7) $57 \div 6 =$

(8) $53 \div 9 =$

目ひょう時間
⏱
20分

 学習した日　　　月　　　日　　とく点

名前

／100点

1344
解説→185ページ

❶ 次の筆算をしましょう。　　　　　　　1つ4点【24点】

(1)
```
  218
×   4
```

(2)
```
  491
×   2
```

(3)
```
  328
×   3
```

(4)
```
  316
×   3
```

(5)
```
  108
×   7
```

(6)
```
  184
×   2
```

❷ 次の筆算をしましょう。　　　　　　　1つ4点【24点】

(1)
```
  284
×   3
```

(2)
```
  924
×   3
```

(3)
```
  643
×   3
```

(4)
```
  621
×   8
```

(5)
```
  803
×   5
```

(6)
```
  266
×   4
```

❸ 次の筆算をしましょう。　　　　　　　1つ4点【36点】

(1)
```
  396
×   7
```

(2)
```
  844
×   5
```

(3)
```
  494
×   9
```

(4)
```
  286
×   8
```

(5)
```
  724
×   6
```

(6)
```
  967
×   4
```

(7)
```
  385
×   9
```

(8)
```
  432
×   8
```

(9)
```
  999
×   9
```

🔄 次の計算の答えが正しいときは○を、まちがっていれば

スパイラル
コーナー
正しい答えを書きましょう。　　　　　1つ4点【16点】

(1) 40÷6＝6あまり5　　　（　　　　　）

(2) 53÷7＝7あまり4　　　（　　　　　）

(3) 61÷9＝7あまり7　　　（　　　　　）

(4) 37÷5＝6あまり4　　　（　　　　　）

44 1けたの数をかけるかけ算⑤

目ひょう時間 ⏱ 20分

学習した日　　月　　日　　とく点

名前

/100点

1344
解説→185ページ

❶ 次の筆算をしましょう。

1つ4点【24点】

(1)
```
  2 1 8
×     4
```

(2)
```
  4 9 1
×     2
```

(3)
```
  3 2 8
×     3
```

(4)
```
  3 1 6
×     3
```

(5)
```
  1 0 8
×     7
```

(6)
```
  1 8 4
×     2
```

❷ 次の筆算をしましょう。

1つ4点【24点】

(1)
```
  2 8 4
×     3
```

(2)
```
  9 2 4
×     3
```

(3)
```
  6 4 3
×     3
```

(4)
```
  6 2 1
×     8
```

(5)
```
  8 0 3
×     5
```

(6)
```
  2 6 6
×     4
```

❸ 次の筆算をしましょう。

1つ4点【36点】

(1)
```
  3 9 6
×     7
```

(2)
```
  8 4 4
×     5
```

(3)
```
  4 9 4
×     9
```

(4)
```
  2 8 6
×     8
```

(5)
```
  7 2 4
×     6
```

(6)
```
  9 6 7
×     4
```

(7)
```
  3 8 5
×     9
```

(8)
```
  4 3 2
×     8
```

(9)
```
  9 9 9
×     9
```

 次の計算の答えが正しいときは○を、まちがっていれば

スパイラル
コーナー 正しい答えを書きましょう。

1つ4点【16点】

(1) 40÷6＝6あまり5　　（　　　　　）

(2) 53÷7＝7あまり4　　（　　　　　）

(3) 61÷9＝7あまり7　　（　　　　　）

(4) 37÷5＝6あまり4　　（　　　　　）

45 かけ算のきまり

目ひょう時間 ⏱ 20分

❶ 7×3×2の計算をします。次の □ にあてはまる数を書きましょう。　【20点】

(1) 7×3×2=(7×3)×2

= □ ×2

= □　（全部できて10点）

(2) 7×3×2=7×(3×2)

=7× □

= □　（全部できて10点）

❷ 7×5×4の計算をします。次の □ にあてはまる数を書きましょう。　【20点】

(1) 7×5×4=(7×5)×4

= □ ×4

= □　（全部できて10点）

(2) 7×5×4=7×(5×4)

=7× □

= □　（全部できて10点）

❸ 次の計算をしましょう。　1つ9点【36点】

(1) 6×3×3=

(2) 80×2×4=

(3) 24×5×2=

(4) 23×5×4=

🔁 次の計算をしましょう。　1つ4点【24点】

スパイラルコーナー

(1) 4000+2000=

(2) 47000−4000=

(3) 8000+9000=

(4) 88000−8000=

(5) 42万+33万=

(6) 28万−2万=

45 かけ算のきまり

目ひょう時間
⏱
20分

学習した日　　　月　　　日
名前
とく点
／100点
1345
解説→186ページ

❶ 7×3×2の計算をします。次の□にあてはまる数を
書きましょう。 【20点】

(1) 7×3×2=(7×3)×2

= □×2

= □ （全部できて10点）

(2) 7×3×2=7×(3×2)

=7×□

= □ （全部できて10点）

❷ 7×5×4の計算をします。次の□にあてはまる数を
書きましょう。 【20点】

(1) 7×5×4=(7×5)×4

= □×4

= □ （全部できて10点）

(2) 7×5×4=7×(5×4)

=7×□

= □ （全部できて10点）

❸ 次の計算をしましょう。 1つ9点【36点】

(1) 6×3×3=

(2) 80×2×4=

(3) 24×5×2=

(4) 23×5×4=

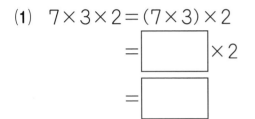 次の計算をしましょう。 1つ4点【24点】

スパイラル
コーナー (1) 4000+2000=

(2) 47000−4000=

(3) 8000+9000=

(4) 88000−8000=

(5) 42万+33万=

(6) 28万−2万=

46 計算のきまり

学習した日　　月　　日　　とく点　　名前　　／100点　　1346　解説→186ページ

❶ (12×4)＋(18×4)の計算をします。次の□にあてはまる数を書きましょう。 【20点】

(1) (12×4)＋(18×4)＝□＋□

＝□ （全部できて10点）

(2) (12×4)＋(18×4)＝(12＋18)×4

＝□×4

＝□ （全部できて10点）

❷ (23×6)－(13×6)の計算をします。次の□にあてはまる数を書きましょう。 【20点】

(1) (23×6)－(13×6)＝□－□

＝□ （全部できて10点）

(2) (23×6)－(13×6)＝(23－13)×6

＝□×6

＝□ （全部できて10点）

❸ 次の計算をしましょう。 1つ9点【36点】

(1) 3×5＋7×5＝

(2) 15×7－5×7＝

(3) 130×5＋70×5＝

(4) 135×6－65×6＝

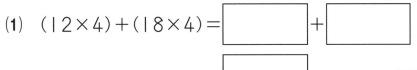 次の計算をしましょう。 1つ4点【24点】

スパイラルコーナー

(1) 24×10＝

(2) 510×10＝

(3) 620÷10＝

(4) 5600÷10＝

(5) 47×100＝

(6) 87×1000＝

46 計算のきまり

目ひょう時間 ⏱ 20分

らくらくマルつけ 1346 解説→186ページ

学習した日	月	日	とく点
名前			╱100点

❶ (12×4)＋(18×4)の計算をします。次の□にあてはまる数を書きましょう。 【20点】

(1) $(12×4)+(18×4)=$ □ ＋ □

　　＝ □ （全部できて10点）

(2) $(12×4)+(18×4)=(12+18)×4$

　　＝ □ ×4

　　＝ □ （全部できて10点）

❷ (23×6)－(13×6)の計算をします。次の□にあてはまる数を書きましょう。 【20点】

(1) $(23×6)-(13×6)=$ □ － □

　　＝ □ （全部できて10点）

(2) $(23×6)-(13×6)=(23-13)×6$

　　＝ □ ×6

　　＝ □ （全部できて10点）

❸ 次の計算をしましょう。 1つ9点【36点】

(1) $3×5+7×5=$

(2) $15×7-5×7=$

(3) $130×5+70×5=$

(4) $135×6-65×6=$

次の計算をしましょう。 1つ4点【24点】

スパイラルコーナー

(1) $24×10=$

(2) $510×10=$

(3) $620÷10=$

(4) $5600÷10=$

(5) $47×100=$

(6) $87×1000=$

目ひょう時間 **20分**

学習した日　　　月　　　日　　とく点

名前

/100点　1347　解説→187ページ

❶ 次の筆算をしましょう。　1つ5点【15点】

(1)
```
   4 3
×    7
```

(2)
```
   3 9
×    5
```

(3)
```
   5 9
×    7
```

❷ 次の筆算をしましょう。　1つ5点【15点】

(1)
```
   9 7 0
×      8
```

(2)
```
   7 5 8
×      2
```

(3)
```
   3 9 4
×      6
```

❸ 次の計算をしましょう。　1つ8点【40点】

(1)　$700 \times 2 \times 4 =$

(2)　$300 \times 5 \times 6 =$

(3)　$240 \times 9 + 160 \times 9 =$

(4)　$456 \times 7 - 56 \times 7 =$

(5)　$999 \times 9 - 99 \times 9 =$

❹ 1ダース165円のえんぴつを6ダース買います。代金はいくらですか。　【全部できて9点】

(式)

答え(　　　　　　　　)

❺ 定員369人のひこうきを4き使います。乗ることができる人数は何人ですか。　【全部できて9点】

(式)

答え(　　　　　　　　)

❻ 1本165円のジュース7本と1本135円のお茶7本を買いました。代金はいくらですか。　【全部できて12点】

(式)

答え(　　　　　　　　)

47 まとめのテスト❽

目ひょう時間
⏱
20分

✎ 学習した日　　　月　　　日　　とく点

名前

／100点

1347
解説→187ページ

❶ 次の筆算をしましょう。　　　　　　　　　　1つ5点【15点】

(1)
```
    43
×    7
```

(2)
```
    39
×    5
```

(3)
```
    59
×    7
```

❷ 次の筆算をしましょう。　　　　　　　　　　1つ5点【15点】

(1)
```
   970
×    8
```

(2)
```
   758
×    2
```

(3)
```
   394
×    6
```

❸ 次の計算をしましょう。　　　　　　　　　　1つ8点【40点】

(1)　700×2×4＝

(2)　300×5×6＝

(3)　240×9＋160×9＝

(4)　456×7－56×7＝

(5)　999×9－99×9＝

❹ １ダース165円のえんぴつを6ダース買います。代金はいくらですか。　　　　　　　　　　　　　　　　【全部できて9点】

(式)

答え(　　　　　　　　)

❺ 定員369人のひこうきを4き使います。乗ることができる人数は何人ですか。　　　　　　　　　　　【全部できて9点】

(式)

答え(　　　　　　　　)

❻ １本165円のジュース7本と１本135円のお茶7本を買いました。代金はいくらですか。　　　　　　　【全部できて12点】

(式)

答え(　　　　　　　　)

48 パズル②

目ひょう時間 ⏱ 20分

学習した日　　　月　　　日

名前

とく点　／100点

1348
解説→187ページ

❶ 【レベル１】　◯にあてはまる数を書きましょう。　1つ7点【42点】

(1)
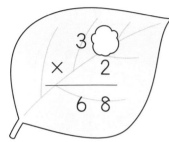

```
  3 ◯
×   2
─────
  6 8
```

(2)
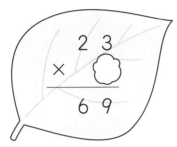

```
  2 3
× ◯
─────
  6 9
```

(3)
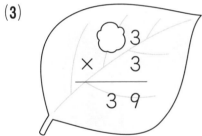

```
  ◯ 3
×   3
─────
  3 9
```

(4)
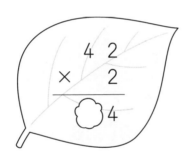

```
  4 2
×   2
─────
  ◯ 4
```

(5)
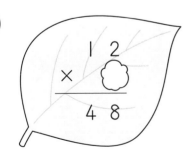

```
  1 2
×   ◯
─────
  4 8
```

(6)
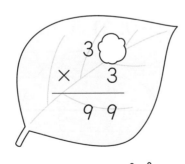

```
  3 ◯
×   3
─────
  9 9
```

❷ 【レベル２】　◯にあてはまる数を書きましょう。　1つ9点【36点】

(1)
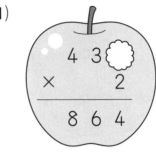

```
  4 3 ◯
×     2
───────
  8 6 4
```

(2)

```
  2 ◯ 3
×     3
───────
  6 3 9
```

(3)

```
  1 2 6
×     3
───────
  3 ◯ 8
```

(4)

```
  2 3 8
×     ◯
───────
  4 7 6
```

❸ 【レベル３】　◯にあてはまる数を書きましょう。　1つ11点【22点】

(1)
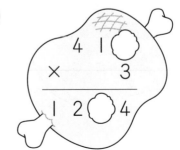

```
    4 1 ◯
×       3
─────────
  1 2 ◯ 4
```

(2)

```
    2 ◯ 9
×       7
─────────
  1 ◯ 1 3
```

48 パズル②

学習した日	月	日	とく点
名前			／100点

1348
解説→187ページ

❶【レベル1】 ⬭にあてはまる数を書きましょう。 1つ7点【42点】

(1)
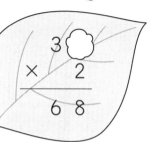
$$\begin{array}{r} 3\ \bigcirc \\ \times\ \ \ 2 \\ \hline 6\ 8 \end{array}$$

(2)
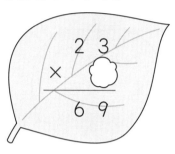
$$\begin{array}{r} 2\ 3 \\ \times\ \ \bigcirc \\ \hline 6\ 9 \end{array}$$

(3)
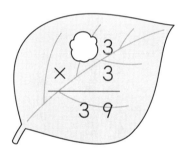
$$\begin{array}{r} \bigcirc\ 3 \\ \times\ \ \ 3 \\ \hline 3\ 9 \end{array}$$

(4)
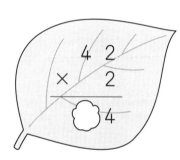
$$\begin{array}{r} 4\ 2 \\ \times\ \ \ 2 \\ \hline \bigcirc\ 4 \end{array}$$

(5)
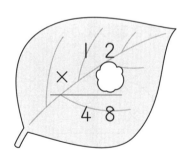
$$\begin{array}{r} 1\ 2 \\ \times\ \ \bigcirc \\ \hline 4\ 8 \end{array}$$

(6)
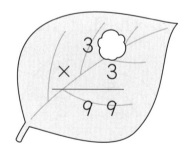
$$\begin{array}{r} 3\ \bigcirc \\ \times\ \ \ 3 \\ \hline 9\ 9 \end{array}$$

❷【レベル2】 ⬭にあてはまる数を書きましょう。 1つ9点【36点】

(1)
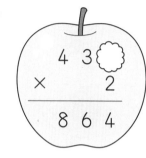
$$\begin{array}{r} 4\ 3\ \bigcirc \\ \times\ \ \ \ \ 2 \\ \hline 8\ 6\ 4 \end{array}$$

(2)

$$\begin{array}{r} 2\ \bigcirc\ 3 \\ \times\ \ \ \ \ 3 \\ \hline 6\ 3\ 9 \end{array}$$

(3)
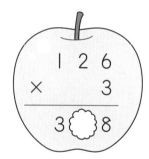
$$\begin{array}{r} 1\ 2\ 6 \\ \times\ \ \ \ \ 3 \\ \hline 3\ \bigcirc\ 8 \end{array}$$

(4)

$$\begin{array}{r} 2\ 3\ 8 \\ \times\ \ \ \ \bigcirc \\ \hline 4\ 7\ 6 \end{array}$$

❸【レベル3】 ⬭にあてはまる数を書きましょう。 1つ11点【22点】

(1)
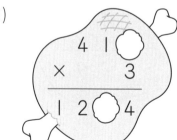
$$\begin{array}{r} 4\ 1\ \bigcirc \\ \times\ \ \ \ \ 3 \\ \hline 1\ 2\ \bigcirc\ 4 \end{array}$$

(2)

$$\begin{array}{r} 2\ \bigcirc\ 9 \\ \times\ \ \ \ \ 7 \\ \hline 1\ \bigcirc\ 1\ 3 \end{array}$$

49 重さ①

❶ 次の問いに答えましょう。　1つ5点【20点】

(1) 4kgは何gですか。　（　　　　　）

(2) 4kg100gは何gですか。　（　　　　　）

(3) 7tは何kgですか。　（　　　　　）

(4) 7t600kgは何kgですか。　（　　　　　）

❷ 2300gは何kg何gか考えます。次の□にあてはまる数を書きましょう。　1つ4点【12点】

(1) 2300gは2000gと□gに分けられます。

(2) 2000gは□kgです。

(3) 2300gは□kg□gです。

❸ 5700kgは何t何kgか考えます。次の□にあてはまる数を書きましょう。　1つ4点【12点】

(1) 5700kgは5000kgと□kgに分けられます。

(2) 5000kgは□tです。

(3) 5700kgは□t□kgです。

❹ 次の□にあてはまる数を書きましょう。　1つ6点【24点】

(1) 1kg450g=□g

(2) 6t20kg=□kg

(3) 8420g=□kg□g

(4) 12800kg=□t□kg

 次の計算をしましょう。　1つ4点【32点】

スパイラルコーナー

(1) 40×2=

(2) 70×7=

(3) 80×7=

(4) 70×2=

(5) 900×6=

(6) 300×8=

(7) 900×4=

(8) 800×2=

49 重さ ①

目ひょう時間
⏱
20分

学習した日　　　月　　　日

名前

とく点

／100点

1349
解説→187ページ

---

❶ 次の問いに答えましょう。　　　1つ5点【20点】

(1) 4kgは何gですか。　　　（　　　　　）

(2) 4kg100gは何gですか。　　　（　　　　　）

(3) 7tは何kgですか。　　　（　　　　　）

(4) 7t600kgは何kgですか。　　　（　　　　　）

❷ 2300gは何kg何gか考えます。次の　　にあてはまる数を書きましょう。　　　1つ4点【12点】

(1) 2300gは2000gと　　　gに分けられます。

(2) 2000gは　　　kgです。

(3) 2300gは　　　kg　　　gです。

❸ 5700kgは何t何kgか考えます。次の　　にあてはまる数を書きましょう。　　　1つ4点【12点】

(1) 5700kgは5000kgと　　　kgに分けられます。

---

(2) 5000kgは　　　tです。

(3) 5700kgは　　　t　　　kgです。

❹ 次の　　にあてはまる数を書きましょう。　　　1つ6点【24点】

(1) 1kg450g＝　　　g

(2) 6t20kg＝　　　kg

(3) 8420g＝　　　kg　　　g

(4) 12800kg＝　　　t　　　kg

🔄 次の計算をしましょう。　　　1つ4点【32点】

スパイラル
コーナー

(1) 40×2＝　　　　(2) 70×7＝

(3) 80×7＝　　　　(4) 70×2＝

(5) 900×6＝　　　　(6) 300×8＝

(7) 900×4＝　　　　(8) 800×2＝

目ひょう時間 ⏱ **20分**

学習した日　　月　　日

名前

とく点 ／100点

1350
解説→188ページ

1 次の◻にあてはまる数を書きましょう。　1つ5点【20点】

(1) 300g＋200g＝◻g

(2) 100g＋700g＝◻g

(3) 900g－600g＝◻g

(4) 800g－200g＝◻g

2 次の◻にあてはまる数を書きましょう。　1つ5点【25点】

(1) 400g＋900g＝◻kg◻g

(2) 600g＋800g＝◻kg◻g

(3) 1kg400g－800g＝◻g

(4) 1kg200g－700g＝◻g

(5) 1kg300g－900g＝◻g

3 次の◻にあてはまる数を書きましょう。　1つ5点【25点】

(1) 1kg300g＋900g＝◻kg◻g

(2) 600g＋3kg500g＝◻kg◻g

(3) 13kg700g－4kg800g＝◻kg◻g

(4) 8kg200g－3kg500g＝◻kg◻g

(5) 16kg800g－8kg900g＝◻kg◻g

🔁 次の筆算をしましょう。　1つ5点【30点】

スパイラル
コーナー

(1)　　1 0
　　×　　3

(2)　　1 1
　　×　　3

(3)　　2 2
　　×　　4

(4)　　2 1
　　×　　2

(5)　　1 3
　　×　　2

(6)　　3 0
　　×　　2

50 重さ ②

❶ 次の □ にあてはまる数を書きましょう。　1つ5点【20点】

(1) 300g＋200g＝ □ g

(2) 100g＋700g＝ □ g

(3) 900g－600g＝ □ g

(4) 800g－200g＝ □ g

❷ 次の □ にあてはまる数を書きましょう。　1つ5点【25点】

(1) 400g＋900g＝ □ kg □ g

(2) 600g＋800g＝ □ kg □ g

(3) 1kg400g－800g＝ □ g

(4) 1kg200g－700g＝ □ g

(5) 1kg300g－900g＝ □ g

❸ 次の □ にあてはまる数を書きましょう。　1つ5点【25点】

(1) 1kg300g＋900g＝ □ kg □ g

(2) 600g＋3kg500g＝ □ kg □ g

(3) 13kg700g－4kg800g＝ □ kg □ g

(4) 8kg200g－3kg500g＝ □ kg □ g

(5) 16kg800g－8kg900g＝ □ kg □ g

🔄 次の筆算をしましょう。　1つ5点【30点】

スパイラル
コーナー

(1)　　1 0
　　×　　3

(2)　　1 1
　　×　　3

(3)　　2 2
　　×　　4

(4)　　2 1
　　×　　2

(5)　　1 3
　　×　　2

(6)　　3 0
　　×　　2

51 おも **重さ③**

目ひょう時間 ⏱ **20**分

✏ 学習した日　　　月　　　日

名前

とく点　／100点

1351
解説→188ページ

❶ 次の□にあてはまる数を書きましょう。　1つ5点【20点】

(1) 200kg＋200kg＝□kg

(2) 700kg＋100kg＝□kg

(3) 700kg－300kg＝□kg

(4) 900kg－100kg＝□kg

❷ 次の□にあてはまる数を書きましょう。　1つ5点【25点】

(1) 300kg＋800kg＝□t□kg

(2) 500kg＋900kg＝□t□kg

(3) 1t100kg－900kg＝□kg

(4) 1t200kg－700kg＝□kg

(5) 1t700kg－900kg＝□kg

❸ 次の□にあてはまる数を書きましょう。　1つ5点【25点】

(1) 300kg＋5t800kg＝□t□kg

(2) 800kg＋2t600kg＝□t□kg

(3) 14t600kg－1t700kg＝□t□kg

(4) 5t200kg－2t700kg＝□t□kg

(5) 19t300kg－8t600kg＝□t□kg

🔁 次の筆算をしましょう。　1つ5点【30点】
スパイラル
コーナー

(1)
```
   1 8
 ×   3
```

(2)
```
   2 1
 ×   6
```

(3)
```
   3 9
 ×   2
```

(4)
```
   3 4
 ×   6
```

(5)
```
   7 9
 ×   3
```

(6)
```
   6 4
 ×   5
```

51 重さ③

目ひょう時間 20分

✎ 学習した日　　　月　　　日

名前

とく点 ／100点

1351
解説→188ページ

❶ 次の □ にあてはまる数を書きましょう。　1つ5点【20点】

(1) $200kg + 200kg =$ ☐ kg

(2) $700kg + 100kg =$ ☐ kg

(3) $700kg - 300kg =$ ☐ kg

(4) $900kg - 100kg =$ ☐ kg

❷ 次の □ にあてはまる数を書きましょう。　1つ5点【25点】

(1) $300kg + 800kg =$ ☐ t ☐ kg

(2) $500kg + 900kg =$ ☐ t ☐ kg

(3) $1t100kg - 900kg =$ ☐ kg

(4) $1t200kg - 700kg =$ ☐ kg

(5) $1t700kg - 900kg =$ ☐ kg

❸ 次の □ にあてはまる数を書きましょう。　1つ5点【25点】

(1) $300kg + 5t800kg =$ ☐ t ☐ kg

(2) $800kg + 2t600kg =$ ☐ t ☐ kg

(3) $14t600kg - 1t700kg =$ ☐ t ☐ kg

(4) $5t200kg - 2t700kg =$ ☐ t ☐ kg

(5) $19t300kg - 8t600kg =$ ☐ t ☐ kg

🔁 次の筆算をしましょう。　1つ5点【30点】

スパイラルコーナー

(1)
```
   1 8
 ×   3
```

(2)
```
   2 1
 ×   6
```

(3)
```
   3 9
 ×   2
```

(4)
```
   3 4
 ×   6
```

(5)
```
   7 9
 ×   3
```

(6)
```
   6 4
 ×   5
```

52 小数の表し方

目ひょう時間 ⏱ 20分

学習した日　　月　　日

名前

とく点　／100点

1352
解説→188ページ

❶ 次の数を書きましょう。　1つ5点【20点】

(1) 1を3こ、0.1を7こ合わせた数　（　　　　　　）

(2) 100を3こ、10を8こ、1を6こ、0.1を3こ合わせた数
　（　　　　　　）

(3) 0.1を15こ集めた数　（　　　　　　）

(4) 0.1を24こ集めた数　（　　　　　　）

❷ 次の 　　 にあてはまる数を書きましょう。　1つ5点【25点】

(1) 3.8は1を 　　　 こ、0.1を 　　　 こ合わせた数です。

(2) 7.9は1を 　　　 こ、0.1を 　　　 こ合わせた数です。

(3) 6.4は0.1を 　　　 こ集めた数です。

(4) 23.7は0.1を 　　　 こ集めた数です。

(5) 29.8は0.1を 　　　 こ集めた数です。

❸ 1dL＝0.1L、1mm＝0.1cmです。次の 　　 にあてはまる数を書きましょう。　1つ5点【25点】

(1) 3dL＝ 　　　 L

(2) 8mm＝ 　　　 cm

(3) 65dL＝ 　　　 L

(4) 228mm＝ 　　　 cm

(5) 83dL＝ 　　　 L

🔄 次の筆算をしましょう。　1つ5点【30点】

スパイラルコーナー

(1)
```
  2 3 2
×     3
```

(2)
```
  1 1 1
×     2
```

(3)
```
  1 0 0
×     9
```

(4)
```
  2 2 0
×     4
```

(5)
```
  3 0 1
×     3
```

(6)
```
  1 0 1
×     7
```

52 小数の表し方

目ひょう時間 ⏱ 20分

学習した日　　　月　　　日　　とく点

名前

／100点

1352
解説→188ページ

❶ 次の数を書きましょう。　　　　1つ5点【20点】

(1) 1を3こ、0.1を7こ合わせた数　（　　　　　）

(2) 100を3こ、10を8こ、1を6こ、0.1を3こ合わせた数
　　　　　　　　　　　　　　　　（　　　　　）

(3) 0.1を15こ集めた数　　　　　（　　　　　）

(4) 0.1を24こ集めた数　　　　　（　　　　　）

❷ 次の□にあてはまる数を書きましょう。　1つ5点【25点】

(1) 3.8は1を□こ、0.1を□こ合わせた数です。

(2) 7.9は1を□こ、0.1を□こ合わせた数です。

(3) 6.4は0.1を□こ集めた数です。

(4) 23.7は0.1を□こ集めた数です。

(5) 29.8は0.1を□こ集めた数です。

❸ 1dL＝0.1L、1mm＝0.1cmです。次の□にあてはまる数を書きましょう。　1つ5点【25点】

(1) 3dL＝□L

(2) 8mm＝□cm

(3) 65dL＝□L

(4) 228mm＝□cm

(5) 83dL＝□L

🔄 次の筆算をしましょう。　　　1つ5点【30点】

スパイラルコーナー

(1)
```
  232
×   3
```

(2)
```
  111
×   2
```

(3)
```
  100
×   9
```

(4)
```
  220
×   4
```

(5)
```
  301
×   3
```

(6)
```
  101
×   7
```

53 小数①

❶ 0.4＋0.5の計算のしかたについて、次の□にあてはまる数を書きましょう。

【全部できて20点】

0.4は0.1の4こ分、

0.5は0.1の□こ分です。

0.1が(4＋□)こなので、

0.4＋0.5＝□

❷ 次の計算をしましょう。

1つ2点【20点】

(1) 0＋0.3＝

(2) 1＋0.5＝

(3) 1＋0.8＝

(4) 0＋0.7＝

(5) 0.4＋0＝

(6) 0.6＋1＝

(7) 0.9＋1＝

(8) 0.2＋0＝

(9) 0.8＋0＝

(10) 1＋0.3＝

❸ 次の計算をしましょう。

1つ3点【36点】

(1) 0.7＋0.1＝

(2) 0.8＋0.1＝

(3) 0.2＋0.6＝

(4) 0.3＋0.3＝

(5) 0.6＋0.3＝

(6) 0.4＋0.3＝

(7) 0.1＋0.5＝

(8) 0.5＋0.2＝

(9) 0.1＋0.6＝

(10) 0.2＋0.7＝

(11) 0.4＋0.1＝

(12) 0.3＋0.2＝

 次の筆算をしましょう。

1つ4点【24点】

スパイラルコーナー

(1)
```
  790
×   6
```

(2)
```
  968
×   3
```

(3)
```
  162
×   9
```

(4)
```
  553
×   6
```

(5)
```
  203
×   6
```

(6)
```
  492
×   8
```

53 小数①

目ひょう時間
⏱ 20分

学習した日 　月　　日
名前
とく点 ／100点
1353
解説→189ページ

❶ 0.4＋0.5の計算のしかたについて、次の□にあてはまる数を書きましょう。 【全部できて20点】

0.4は0.1の4こ分、

0.5は0.1の□こ分です。

0.1が(4＋□)こなので、

0.4＋0.5＝□

❷ 次の計算をしましょう。 1つ2点【20点】

(1) 0＋0.3＝

(2) 1＋0.5＝

(3) 1＋0.8＝

(4) 0＋0.7＝

(5) 0.4＋0＝

(6) 0.6＋1＝

(7) 0.9＋1＝

(8) 0.2＋0＝

(9) 0.8＋0＝

(10) 1＋0.3＝

❸ 次の計算をしましょう。 1つ3点【36点】

(1) 0.7＋0.1＝

(2) 0.8＋0.1＝

(3) 0.2＋0.6＝

(4) 0.3＋0.3＝

(5) 0.6＋0.3＝

(6) 0.4＋0.3＝

(7) 0.1＋0.5＝

(8) 0.5＋0.2＝

(9) 0.1＋0.6＝

(10) 0.2＋0.7＝

(11) 0.4＋0.1＝

(12) 0.3＋0.2＝

🔄 次の筆算をしましょう。 1つ4点【24点】

スパイラルコーナー

(1)
```
  790
×   6
```

(2)
```
  968
×   3
```

(3)
```
  162
×   9
```

(4)
```
  553
×   6
```

(5)
```
  203
×   6
```

(6)
```
  492
×   8
```

学習した日　　　月　　　日　　とく点

名前

／100点

1354
解説→189ページ

❶ 0.7＋0.8の計算のしかたについて、次の◻にあてはまる数を書きましょう。　【全部できて10点】

0.7は0.1の◻こ分、

0.8は0.1の8こ分です。

0.1が(◻＋8)こなので、

0.7＋0.8＝◻

❷ 次の計算をしましょう。　1つ3点【30点】

(1) 0.9＋0.4＝

(2) 0.7＋0.9＝

(3) 0.5＋0.6＝

(4) 0.7＋0.7＝

(5) 0.9＋0.3＝

(6) 0.6＋0.7＝

(7) 0.6＋0.8＝

(8) 0.3＋0.8＝

(9) 0.4＋0.7＝

(10) 0.6＋0.4＝

❸ 次の計算をしましょう。　1つ4点【48点】

(1) 0.6＋1.5＝

(2) 0.7＋1.7＝

(3) 2.9＋0.3＝

(4) 4.7＋0.5＝

(5) 5.8＋3.5＝

(6) 1.4＋7.7＝

(7) 1.8＋3.3＝

(8) 2.8＋3.8＝

(9) 0.9＋2.2＝

(10) 1.3＋3.8＝

(11) 3.7＋1.5＝

(12) 2.5＋5.8＝

🔄 次の計算をしましょう。　1つ3点【12点】

スパイラルコーナー (1) 9×3×3＝

(2) 7×2×4＝

(3) 19×5×2＝

(4) 36×5×4＝

54 小数②

✎ 学習した日　　　　月　　　　日

名前

とく点

／100点

1354
解説→189ページ

❶ 0.7＋0.8の計算のしかたについて、次の　□　にあてはまる数を書きましょう。

【全部できて10点】

0.7は0.1の　□　こ分、

0.8は0.1の8こ分です。

0.1が（　□　＋8）こなので、

0.7＋0.8＝　□

❷ 次の計算をしましょう。

1つ3点【30点】

(1) 0.9＋0.4＝

(2) 0.7＋0.9＝

(3) 0.5＋0.6＝

(4) 0.7＋0.7＝

(5) 0.9＋0.3＝

(6) 0.6＋0.7＝

(7) 0.6＋0.8＝

(8) 0.3＋0.8＝

(9) 0.4＋0.7＝

(10) 0.6＋0.4＝

❸ 次の計算をしましょう。

1つ4点【48点】

(1) 0.6＋1.5＝

(2) 0.7＋1.7＝

(3) 2.9＋0.3＝

(4) 4.7＋0.5＝

(5) 5.8＋3.5＝

(6) 1.4＋7.7＝

(7) 1.8＋3.3＝

(8) 2.8＋3.8＝

(9) 0.9＋2.2＝

(10) 1.3＋3.8＝

(11) 3.7＋1.5＝

(12) 2.5＋5.8＝

🔄 次の計算をしましょう。

1つ3点【12点】

スパイラル
コーナー

(1) 9×3×3＝

(2) 7×2×4＝

(3) 19×5×2＝

(4) 36×5×4＝

❶ 0.8−0.3の計算のしかたについて、次の □ にあてはまる数を書きましょう。　　　【全部できて10点】

0.8は0.1の8こ分、

0.3は0.1の □ こ分です。

0.1が(8− □)こなので、

0.8−0.3= □

❷ 次の計算をしましょう。　　　1つ3点【30点】

(1) 0.8−0.2＝　　　　　(2) 0.4−0.1＝

(3) 0.9−0.7＝　　　　　(4) 0.7−0.2＝

(5) 0.6−0.1＝　　　　　(6) 0.9−0.8＝

(7) 0.8−0.4＝　　　　　(8) 0.7−0.4＝

(9) 0.5−0.2＝　　　　　(10) 0.9−0.1＝

❸ 次の計算をしましょう。　　　1つ4点【48点】

(1) 3.8−1.6＝　　　　　(2) 4.8−3.4＝

(3) 9.5−3.3＝　　　　　(4) 5.9−3.8＝

(5) 2.7−1.2＝　　　　　(6) 6.7−3.6＝

(7) 7.6−0.5＝　　　　　(8) 7.9−2.7＝

(9) 8.3−2.1＝　　　　　(10) 6.5−3.7＝

(11) 9.8−5.5＝　　　　　(12) 3.8−1.9＝

🔄 次の計算をしましょう。　　　1つ3点【12点】

スパイラル
コーナー (1) 8×7+2×7＝

(2) 56×6+44×6＝

(3) 25×5−5×5＝

(4) 44×7−14×7＝

111

55 小数③

目ひょう時間
⏱
20分

学習した日　　　月　　　日

名前

とく点

／100点

1355
解説→189ページ

❶ 0.8−0.3の計算のしかたについて、次の ☐ にあてはまる数を書きましょう。　【全部できて10点】

0.8は0.1の8こ分、

0.3は0.1の ☐ こ分です。

0.1が（8− ☐ ）こなので、

0.8−0.3＝ ☐

❷ 次の計算をしましょう。　1つ3点【30点】

(1) 0.8−0.2＝

(2) 0.4−0.1＝

(3) 0.9−0.7＝

(4) 0.7−0.2＝

(5) 0.6−0.1＝

(6) 0.9−0.8＝

(7) 0.8−0.4＝

(8) 0.7−0.4＝

(9) 0.5−0.2＝

(10) 0.9−0.1＝

❸ 次の計算をしましょう。　1つ4点【48点】

(1) 3.8−1.6＝

(2) 4.8−3.4＝

(3) 9.5−3.3＝

(4) 5.9−3.8＝

(5) 2.7−1.2＝

(6) 6.7−3.6＝

(7) 7.6−0.5＝

(8) 7.9−2.7＝

(9) 8.3−2.1＝

(10) 6.5−3.7＝

(11) 9.8−5.5＝

(12) 3.8−1.9＝

 次の計算をしましょう。　1つ3点【12点】

スパイラルコーナー (1) 8×7＋2×7＝

(2) 56×6＋44×6＝

(3) 25×5−5×5＝

(4) 44×7−14×7＝

目ひょう時間 ⏱ **20分**

📝学習した日　　　月　　　日

名前

とく点　／100点

1356
解説→190ページ

---

❶ 1.5−0.7の計算のしかたについて、次の[　　]にあてはまる数を書きましょう。　　【全部できて20点】

1.5は0.1の[　　　]こ分、

0.7は0.1の7こ分です。

0.1が([　　　]−7)こなので、

1.5−0.7=[　　　]

❷ 次の計算をしましょう。　　1つ3点【30点】

(1) 1.7−0.9=

(2) 1.1−0.6=

(3) 2.5−0.8=

(4) 8.5−0.9=

(5) 2.3−0.5=

(6) 4.4−0.6=

(7) 1−0.8=

(8) 3.3−0.8=

(9) 1.6−0.9=

(10) 2.3−1.8=

❸ 次の計算をしましょう。　　1つ3点【30点】

(1) 5.5−2.6=

(2) 6.6−1.9=

(3) 9−4.6=

(4) 9.5−6.6=

(5) 6.2−5.9=

(6) 2.5−1.6=

(7) 7.6−3.8=

(8) 3.1−2.3=

(9) 8−1.2=

(10) 5.3−4.4=

次の[　　]にあてはまる数を書きましょう。　　1つ5点【20点】

スパイラルコーナー

(1) 2kg380g=[　　　]g

(2) 3t140kg=[　　　]kg

(3) 3860g=[　　　]kg[　　　]g

(4) 9390kg=[　　　]t[　　　]kg

56 小数④

目ひょう時間 ⏱ **20分**

学習した日	月	日	とく点
名前			/100点

1356
解説→190ページ

らくらくマルつけ

---

① 1.5−0.7の計算のしかたについて、次の □ にあてはまる数を書きましょう。　【全部できて20点】

1.5は0.1の □ こ分、

0.7は0.1の7こ分です。

0.1が(□ −7)こなので、

1.5−0.7= □

---

② 次の計算をしましょう。　1つ3点【30点】

(1) 1.7−0.9＝

(2) 1.1−0.6＝

(3) 2.5−0.8＝

(4) 8.5−0.9＝

(5) 2.3−0.5＝

(6) 4.4−0.6＝

(7) 1−0.8＝

(8) 3.3−0.8＝

(9) 1.6−0.9＝

(10) 2.3−1.8＝

---

③ 次の計算をしましょう。　1つ3点【30点】

(1) 5.5−2.6＝

(2) 6.6−1.9＝

(3) 9−4.6＝

(4) 9.5−6.6＝

(5) 6.2−5.9＝

(6) 2.5−1.6＝

(7) 7.6−3.8＝

(8) 3.1−2.3＝

(9) 8−1.2＝

(10) 5.3−4.4＝

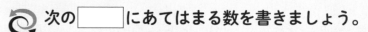

次の □ にあてはまる数を書きましょう。　1つ5点【20点】

スパイラルコーナー

(1) 2kg380g＝ □ g

(2) 3t140kg＝ □ kg

(3) 3860g＝ □ kg □ g

(4) 9390kg＝ □ t □ kg

57 小数⑤

目ひょう時間

20分

学習した日　　　月　　　日　　とく点

名前

／100点

1357
解説→190ページ

❶ 次の筆算をしましょう。　　　　　　1つ4点【24点】

(1)　　0.4
　　＋0.2

(2)　　0.5
　　＋0.1

(3)　　0.4
　　＋0.5

(4)　　0.6
　　＋0.4

(5)　　0.5
　　＋0.6

(6)　　0.8
　　＋0.8

❷ 次の筆算をしましょう。　　　　　　1つ4点【36点】

(1)　　4.9
　　＋3.9

(2)　　2.5
　　＋6.8

(3)　　1.9
　　＋2.6

(4)　　1.7
　　＋3.8

(5)　　3.9
　　＋2.2

(6)　　3.3
　　＋5.7

(7)　　2.8
　　＋5.5

(8)　　6.3
　　＋2.8

(9)　　4.2
　　＋1.8

❸ 次の筆算をしましょう。　　　　　　1つ4点【24点】

(1)　　4.3
　　＋8.9

(2)　　9.5
　　＋5.9

(3)　　6.8
　　＋4.7

(4)　　　8.7
　　＋13.4

(5)　　26.6
　　＋　5.4

(6)　　18.4
　　＋27.9

🔄 次の◻◻◻にあてはまる数を書きましょう。　1つ4点【16点】
スパイラルコーナー

(1)　1kg400g＋200g＝◻◻◻ kg ◻◻◻ g

(2)　500g＋2kg800g＝◻◻◻ kg ◻◻◻ g

(3)　8kg500g－3kg700g＝◻◻◻ kg ◻◻◻ g

(4)　7kg600g－5kg900g＝◻◻◻ kg ◻◻◻ g

57 小数⑤

目ひょう時間 20分

学習した日　　　月　　　日

名前

とく点　／100点

1357
解説→190ページ

① 次の筆算をしましょう。　　　　　1つ4点【24点】

(1)
```
   0.4
 + 0.2
```

(2)
```
   0.5
 + 0.1
```

(3)
```
   0.4
 + 0.5
```

(4)
```
   0.6
 + 0.4
```

(5)
```
   0.5
 + 0.6
```

(6)
```
   0.8
 + 0.8
```

② 次の筆算をしましょう。　　　　　1つ4点【36点】

(1)
```
   4.9
 + 3.9
```

(2)
```
   2.5
 + 6.8
```

(3)
```
   1.9
 + 2.6
```

(4)
```
   1.7
 + 3.8
```

(5)
```
   3.9
 + 2.2
```

(6)
```
   3.3
 + 5.7
```

(7)
```
   2.8
 + 5.5
```

(8)
```
   6.3
 + 2.8
```

(9)
```
   4.2
 + 1.8
```

③ 次の筆算をしましょう。　　　　　1つ4点【24点】

(1)
```
   4.3
 + 8.9
```

(2)
```
   9.5
 + 5.9
```

(3)
```
   6.8
 + 4.7
```

(4)
```
    8.7
 + 1 3.4
```

(5)
```
   2 6.6
 +   5.4
```

(6)
```
   1 8.4
 + 2 7.9
```

次の ☐ にあてはまる数を書きましょう。　　1つ4点【16点】

スパイラル
コーナー

(1) 1kg400g＋200g＝☐kg☐g

(2) 500g＋2kg800g＝☐kg☐g

(3) 8kg500g−3kg700g＝☐kg☐g

(4) 7kg600g−5kg900g＝☐kg☐g

58 小数⑥

1 次の筆算をしましょう。 1つ4点【24点】

(1)
```
   0.9
－ 0.7
```

(2)
```
   0.6
－ 0.3
```

(3)
```
   0.9
－ 0.4
```

(4)
```
   1.5
－ 0.9
```

(5)
```
   3.3
－ 0.4
```

(6)
```
   5.4
－ 0.8
```

2 次の筆算をしましょう。 1つ4点【36点】

(1)
```
   8.2
－ 3.4
```

(2)
```
   8.3
－ 1.9
```

(3)
```
   4.3
－ 3.8
```

(4)
```
   9.3
－ 1.5
```

(5)
```
   7.5
－ 4.9
```

(6)
```
   9.3
－ 2.3
```

(7)
```
   9.5
－ 3.6
```

(8)
```
   7.2
－ 6.5
```

(9)
```
   8.6
－ 3.6
```

3 次の筆算をしましょう。 1つ4点【24点】

(1)
```
   1 2.1
－   6.3
```

(2)
```
   2 6.2
－   8.3
```

(3)
```
   1 1.4
－   0.6
```

(4)
```
   5 1.1
－ 1 8.3
```

(5)
```
   6 4.3
－ 4 5.3
```

(6)
```
   8 0.3
－ 5 3.9
```

🔄 スパイラルコーナー 次の ☐ にあてはまる数を書きましょう。 1つ4点【16点】

(1) 1kg100g＋500g＝ ☐ kg ☐ g

(2) 800g＋3kg600g＝ ☐ kg ☐ g

(3) 12kg500g－2kg700g＝ ☐ kg ☐ g

(4) 10kg200g－7kg800g＝ ☐ kg ☐ g

58 小数⑥

目ひょう時間
⏱
20分

✐ 学習した日　　　月　　　日　　とく点

名前

／100点

1358
解説→191ページ

❶ 次の筆算をしましょう。　1つ4点【24点】

(1)
```
   0.9
 − 0.7
```

(2)
```
   0.6
 − 0.3
```

(3)
```
   0.9
 − 0.4
```

(4)
```
   1.5
 − 0.9
```

(5)
```
   3.3
 − 0.4
```

(6)
```
   5.4
 − 0.8
```

❷ 次の筆算をしましょう。　1つ4点【36点】

(1)
```
   8.2
 − 3.4
```

(2)
```
   8.3
 − 1.9
```

(3)
```
   4.3
 − 3.8
```

(4)
```
   9.3
 − 1.5
```

(5)
```
   7.5
 − 4.9
```

(6)
```
   9.3
 − 2.3
```

(7)
```
   9.5
 − 3.6
```

(8)
```
   7.2
 − 6.5
```

(9)
```
   8.6
 − 3.6
```

❸ 次の筆算をしましょう。　1つ4点【24点】

(1)
```
   12.1
 −  6.3
```

(2)
```
   26.2
 −  8.3
```

(3)
```
   11.4
 −  0.6
```

(4)
```
   51.1
 − 18.3
```

(5)
```
   64.3
 − 45.3
```

(6)
```
   80.3
 − 53.9
```

🔄 次の ☐ にあてはまる数を書きましょう。　1つ4点【16点】

スパイラルコーナー

(1) 1kg100g+500g=☐kg☐g

(2) 800g+3kg600g=☐kg☐g

(3) 12kg500g−2kg700g=☐kg☐g

(4) 10kg200g−7kg800g=☐kg☐g

59 まとめのテスト❾

目ひょう時間 ⏱ 20分

✎学習した日　　　月　　　日

名前

とく点　／100点

1359
解説→191ページ

❶ 次の□にあてはまる数を書きましょう。　1つ7点【14点】

(1) 3kg900g+7kg500g=□kg□g

(2) 8kg300g−2kg900g=□kg□g

❷ 次の計算をしましょう。　1つ5点【20点】

(1) 2.5+5.6=

(2) 6.6+8.7=

(3) 4.5−2.8=

(4) 12.2−1.4=

❸ 次の筆算をしましょう。　1つ5点【30点】

(1)
```
  5 2.3
+   4.9
```

(2)
```
  3 5.4
+   7.8
```

(3)
```
  1 8.5
+   3.6
```

(4)
```
  4 1.5
− 3 9.5
```

(5)
```
  5 1.1
− 2 5.9
```

(6)
```
  9 1.3
− 6 6.8
```

❹ 家から学校までは0.8km、学校から公園までは1.3kmです。家から学校を通って公園に行くときの道のりは何kmですか。　【全部できて12点】

(式)

答え(　　　　　　　　)

❺ 目的地までの道のりは17.5kmで、そのうち15.6kmは電車を使う道のりです。電車を使わない道のりは何kmですか。　【全部できて12点】

(式)

答え(　　　　　　　　)

❻ 1.2kgのランドセルに中身を入れて重さをはかったところ、4.1kgでした。ランドセルの中身は何kgですか。　【全部できて12点】

(式)

答え(　　　　　　　　)

59 まとめのテスト❾

目ひょう時間 ⏱ 20分

✐ 学習した日　　　月　　　日

名前

とく点 ／100点

1359
解説→191ページ

❶ 次の □ にあてはまる数を書きましょう。　1つ7点【14点】

(1) 3kg900g＋7kg500g＝ □ kg □ g

(2) 8kg300g－2kg900g＝ □ kg □ g

❷ 次の計算をしましょう。　1つ5点【20点】

(1) 2.5＋5.6＝

(2) 6.6＋8.7＝

(3) 4.5－2.8＝

(4) 12.2－1.4＝

❸ 次の筆算をしましょう。　1つ5点【30点】

(1)
```
  5 2.3
+   4.9
```

(2)
```
  3 5.4
+   7.8
```

(3)
```
  1 8.5
+   3.6
```

(4)
```
  4 1.5
- 3 9.5
```

(5)
```
  5 1.1
- 2 5.9
```

(6)
```
  9 1.3
- 6 6.8
```

❹ 家から学校までは0.8km、学校から公園までは1.3kmです。家から学校を通って公園に行くときの道のりは何kmですか。　【全部できて12点】

(式)

答え(　　　　　　　)

❺ 目的地までの道のりは17.5kmで、そのうち15.6kmは電車を使う道のりです。電車を使わない道のりは何kmですか。　【全部できて12点】

(式)

答え(　　　　　　　)

❻ 1.2kgのランドセルに中身を入れて重さをはかったところ、4.1kgでした。ランドセルの中身は何kgですか。　【全部できて12点】

(式)

答え(　　　　　　　)

60 パズル③

目ひょう時間
20分

学習した日　　月　　日

名前

とく点
／100点

1360
解説→191ページ

❶【整数コース】　じゅんに計算のけっかを書きましょう。

【全部できて45点】

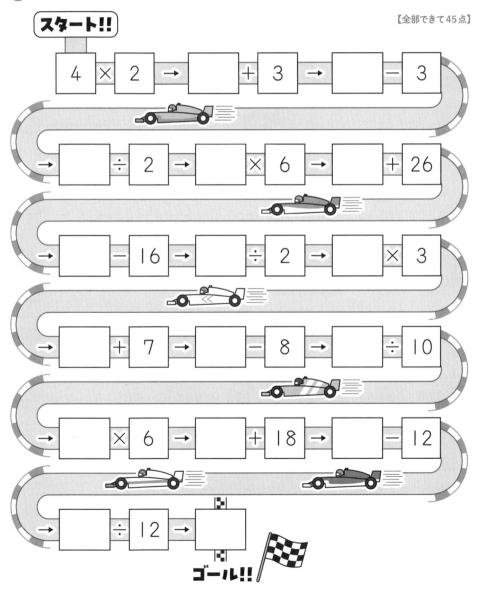

スタート!!

4 × 2 → □ + 3 → □ − 3

→ □ ÷ 2 → □ × 6 → □ + 26

→ □ − 16 → □ ÷ 2 → □ × 3

→ □ + 7 → □ − 8 → □ ÷ 10

→ □ × 6 → □ + 18 → □ − 12

→ □ ÷ 12 → □

ゴール!!

❷【小数コース】　じゅんに計算のけっかを書きましょう。

【全部できて55点】

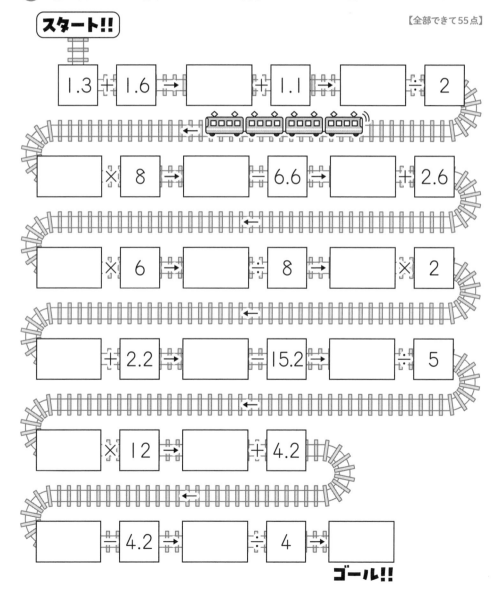

スタート!!

1.3 + 1.6 → □ + 1.1 → □ ÷ 2

× 8 → □ − 6.6 → □ + 2.6

× 6 → □ ÷ 8 → □ × 2

+ 2.2 → □ − 15.2 → □ ÷ 5

× 12 → □ + 4.2

− 4.2 → □ ÷ 4 → □

ゴール!!

60 パズル③

目ひょう時間 🕐 20分

学習した日	月 日	とく点
名前		/100点

らくらくマルつけ
1360
解説→191ページ

❶ 【整数コース】 じゅんに計算のけっかを書きましょう。

【全部できて45点】

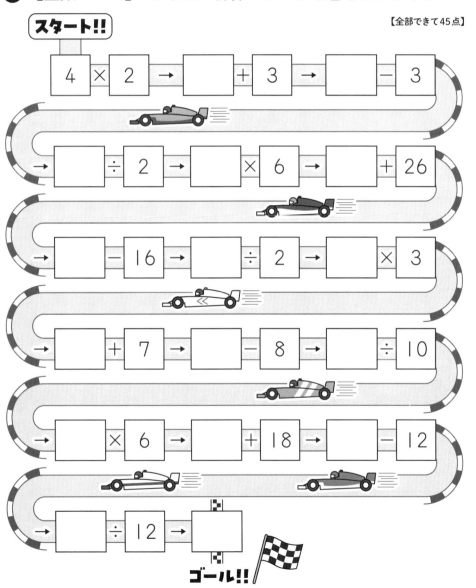

スタート!!

$4 × 2 → □ + 3 → □ − 3$

$→ □ ÷ 2 → □ × 6 → □ + 26$

$□ − 16 → □ ÷ 2 → □ × 3$

$→ □ + 7 → □ − 8 → □ ÷ 10$

$□ × 6 → □ + 18 → □ − 12$

$→ □ ÷ 12 → □$

ゴール!!

❷ 【小数コース】 じゅんに計算のけっかを書きましょう。

【全部できて55点】

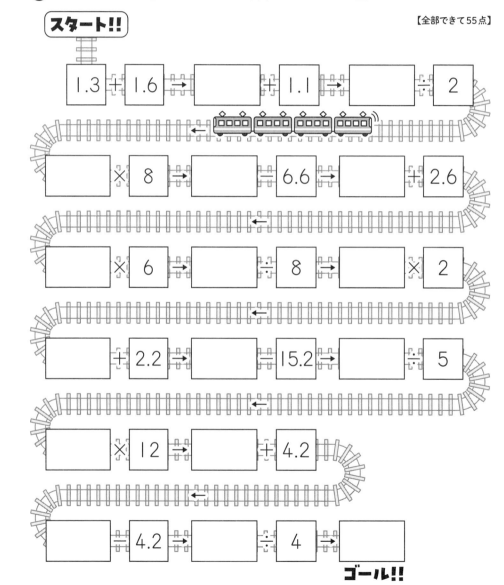

スタート!!

$1.3 + 1.6 ⇒ □ + 1.1 ⇒ □ ÷ 2$

$□ × 8 ⇒ □ + 6.6 ⇒ □ + 2.6$

$□ × 6 ⇒ □ ÷ 8 ⇒ □ × 2$

$□ + 2.2 ⇒ □ \quad 15.2 ⇒ □ ÷ 5$

$□ × 12 ⇒ □ + 4.2$

$□ − 4.2 ⇒ □ ÷ 4 ⇒ □$

ゴール!!

61 分数の大きさ

目ひょう時間 ⏱ 20分

学習した日　　月　　日

名前

とく点 ／100点

1361
解説→192ページ

❶ 次の数を書きましょう。　　　　　　　　1つ7点【28点】

(1) １を４等分した１つ分の数　　　（　　　　　）

(2) １を４等分した３つ分の数　　　（　　　　　）

(3) １を５等分した２つ分の数　　　（　　　　　）

(4) １を５等分した５つ分の数　　　（　　　　　）

❷ $\frac{2}{7}$ と $\frac{3}{7}$ を合わせた数を考えます。次の□□□にあてはまる数を書きましょう。　　　　　　　　1つ6点【24点】

$\frac{2}{7}$ は $\frac{1}{7}$ の □ こ分、$\frac{3}{7}$ は $\frac{1}{7}$ の □ こ分です。

合わせた数は $\frac{1}{7}$ の □ こ分で、□ になります。

❸ $\frac{4}{5}$ と $\frac{2}{5}$ のちがいを考えます。次の□□□にあてはまる数を書きましょう。　　　　　　　　1つ6点【24点】

$\frac{4}{5}$ は $\frac{1}{5}$ の □ こ分、$\frac{2}{5}$ は $\frac{1}{5}$ の □ こ分です。

ちがいは $\frac{1}{5}$ の □ こ分で、□ になります。

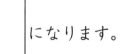 次の数を書きましょう。　　　　　　　　1つ3点【24点】

(1) 0.1を５こ集めた数　　　　（　　　　　）

(2) 0.1を10こ集めた数　　　　（　　　　　）

(3) 0.1を24こ集めた数　　　　（　　　　　）

(4) 0.1を123こ集めた数　　　　（　　　　　）

(5) 0.1を8こ集めた数　　　　（　　　　　）

(6) 0.1を30こ集めた数　　　　（　　　　　）

(7) 0.1を98こ集めた数　　　　（　　　　　）

(8) 0.1を185こ集めた数　　　　（　　　　　）

61 分数の大きさ

目ひょう時間 🕐 **20**分

学習した日　　　月　　　日

名前

とく点　／100点

1361
解説→192ページ

❶ 次の数を書きましょう。　　　　　　　　　　　　1つ7点【28点】

(1) Ⅰを4等分したⅠつ分の数　　　　　　　　(　　　　　)

(2) Ⅰを4等分した3つ分の数　　　　　　　　(　　　　　)

(3) Ⅰを5等分した2つ分の数　　　　　　　　(　　　　　)

(4) Ⅰを5等分した5つ分の数　　　　　　　　(　　　　　)

❷ $\frac{2}{7}$ と $\frac{3}{7}$ を合わせた数を考えます。次の □ にあてはまる
数を書きましょう。　　　　　　　　　　　　1つ6点【24点】

$\frac{2}{7}$ は $\frac{1}{7}$ の □ こ分、$\frac{3}{7}$ は $\frac{1}{7}$ の □ こ分です。

合わせた数は $\frac{1}{7}$ の □ こ分で、□ になります。

❸ $\frac{4}{5}$ と $\frac{2}{5}$ のちがいを考えます。次の □ にあてはまる数を
書きましょう。　　　　　　　　　　　　1つ6点【24点】

$\frac{4}{5}$ は $\frac{1}{5}$ の □ こ分、$\frac{2}{5}$ は $\frac{1}{5}$ の □ こ分です。

ちがいは $\frac{1}{5}$ の □ こ分で、□ になります。

🔄 次の数を書きましょう。　　　　　　　　　　　　1つ3点【24点】

スパイラル
コーナー

(1) 0.1を5こ集めた数　　　　　　　(　　　　　)

(2) 0.1を10こ集めた数　　　　　　(　　　　　)

(3) 0.1を24こ集めた数　　　　　　(　　　　　)

(4) 0.1を123こ集めた数　　　　　(　　　　　)

(5) 0.1を8こ集めた数　　　　　　(　　　　　)

(6) 0.1を30こ集めた数　　　　　　(　　　　　)

(7) 0.1を98こ集めた数　　　　　　(　　　　　)

(8) 0.1を185こ集めた数　　　　　(　　　　　)

目ひょう時間 **20分**

学習した日　　　　月　　　　日

名前

とく点　／100点

1362
解説→192ページ

① 次の☐にあてはまる数を書きましょう。　1つ5点【20点】

(1) $\frac{1}{10}$ は1を10等分した ☐ つ分の数

(2) 0.1は1を10等分した ☐ つ分の数

(3) 0.5は1を10等分した ☐ つ分の数

(4) $\frac{5}{10}$ は1を10等分した ☐ つ分の数

② 次の分数と大きさが等しい小数を書きましょう。　1つ3点【24点】

(1) $\frac{1}{10}$ （　　　） (2) $\frac{4}{10}$ （　　　）

(3) $\frac{6}{10}$ （　　　） (4) $\frac{7}{10}$ （　　　）

(5) $\frac{9}{10}$ （　　　） (6) $\frac{3}{10}$ （　　　）

(7) $\frac{8}{10}$ （　　　） (8) $\frac{2}{10}$ （　　　）

③ 次の小数と大きさが等しい分数を書きましょう。　1つ3点【24点】

(1) 0.5 （　　　） (2) 0.8 （　　　）

(3) 0.9 （　　　） (4) 0.3 （　　　）

(5) 0.2 （　　　） (6) 0.7 （　　　）

(7) 0.4 （　　　） (8) 0.6 （　　　）

🔁 次の計算をしましょう。　1つ4点【32点】

スパイラルコーナー
(1) $0+0.1=$ (2) $1+0.2=$

(3) $0.5+0.3=$ (4) $0.6+0.1=$

(5) $0.3+0.3=$ (6) $0.4+0.4=$

(7) $0.4+0.2=$ (8) $0.7+0.2=$

62 分数と小数

学習した日　　月　　日　　名前　　とく点　／100点

1362
解説→192ページ

❶ 次の □ にあてはまる数を書きましょう。　1つ5点【20点】

(1) $\frac{1}{10}$ は1を10等分した □ つ分の数

(2) 0.1は1を10等分した □ つ分の数

(3) 0.5は1を10等分した □ つ分の数

(4) $\frac{5}{10}$ は1を10等分した □ つ分の数

❷ 次の分数と大きさが等しい小数を書きましょう。　1つ3点【24点】

(1) $\frac{1}{10}$　（　　　）　(2) $\frac{4}{10}$　（　　　）

(3) $\frac{6}{10}$　（　　　）　(4) $\frac{7}{10}$　（　　　）

(5) $\frac{9}{10}$　（　　　）　(6) $\frac{3}{10}$　（　　　）

(7) $\frac{8}{10}$　（　　　）　(8) $\frac{2}{10}$　（　　　）

❸ 次の小数と大きさが等しい分数を書きましょう。　1つ3点【24点】

(1) 0.5　（　　　）　(2) 0.8　（　　　）

(3) 0.9　（　　　）　(4) 0.3　（　　　）

(5) 0.2　（　　　）　(6) 0.7　（　　　）

(7) 0.4　（　　　）　(8) 0.6　（　　　）

 次の計算をしましょう。　1つ4点【32点】

スパイラルコーナー

(1) 0+0.1＝　　(2) 1+0.2＝

(3) 0.5+0.3＝　　(4) 0.6+0.1＝

(5) 0.3+0.3＝　　(6) 0.4+0.4＝

(7) 0.4+0.2＝　　(8) 0.7+0.2＝

63 分数①

目ひょう時間
⏱
20分

✎ 学習した日　　　　月　　　　日

名前

とく点

／100点

1363
解説→192ページ

らくらく
マルつけ

① 次の計算をしましょう。　　　　1つ3点【42点】

(1) $\dfrac{1}{4}+\dfrac{1}{4}=$

(2) $\dfrac{4}{8}+\dfrac{3}{8}=$

(3) $\dfrac{1}{3}+\dfrac{1}{3}=$

(4) $\dfrac{2}{9}+\dfrac{5}{9}=$

(5) $\dfrac{3}{8}+\dfrac{1}{8}=$

(6) $\dfrac{5}{10}+\dfrac{3}{10}=$

(7) $\dfrac{1}{8}+\dfrac{5}{8}=$

(8) $\dfrac{6}{10}+\dfrac{3}{10}=$

(9) $\dfrac{3}{5}+\dfrac{1}{5}=$

(10) $\dfrac{2}{4}+\dfrac{1}{4}=$

(11) $\dfrac{2}{6}+\dfrac{2}{6}=$

(12) $\dfrac{1}{7}+\dfrac{3}{7}=$

(13) $\dfrac{1}{5}+\dfrac{2}{5}=$

(14) $\dfrac{3}{10}+\dfrac{5}{10}=$

② 次の計算をしましょう。　　　　1つ4点【40点】

(1) $\dfrac{3}{6}+\dfrac{2}{6}=$

(2) $\dfrac{4}{6}+\dfrac{1}{6}=$

(3) $\dfrac{6}{9}+\dfrac{2}{9}=$

(4) $\dfrac{5}{7}+\dfrac{1}{7}=$

(5) $\dfrac{3}{9}+\dfrac{3}{9}=$

(6) $\dfrac{2}{8}+\dfrac{3}{8}=$

(7) $\dfrac{3}{7}+\dfrac{1}{7}=$

(8) $\dfrac{4}{8}+\dfrac{1}{8}=$

(9) $\dfrac{1}{7}+\dfrac{4}{7}=$

(10) $\dfrac{5}{9}+\dfrac{1}{9}=$

🔄 次の計算をしましょう。　　　　1つ3点【18点】

スパイラル
コーナー

(1) $0.6+0.6=$

(2) $1.5+2.6=$

(3) $0.9+0.4=$

(4) $3.6+4.7=$

(5) $2.8+4.7=$

(6) $1.5+3.8=$

63 分数①

目ひょう時間
⏱
20分

学習した日　　　　月　　　　日

名前

とく点

／100点

1363
解説→192ページ

❶ 次の計算をしましょう。

1つ3点【42点】

(1) $\dfrac{1}{4}+\dfrac{1}{4}=$

(2) $\dfrac{4}{8}+\dfrac{3}{8}=$

(3) $\dfrac{1}{3}+\dfrac{1}{3}=$

(4) $\dfrac{2}{9}+\dfrac{5}{9}=$

(5) $\dfrac{3}{8}+\dfrac{1}{8}=$

(6) $\dfrac{5}{10}+\dfrac{3}{10}=$

(7) $\dfrac{1}{8}+\dfrac{5}{8}=$

(8) $\dfrac{6}{10}+\dfrac{3}{10}=$

(9) $\dfrac{3}{5}+\dfrac{1}{5}=$

(10) $\dfrac{2}{4}+\dfrac{1}{4}=$

(11) $\dfrac{2}{6}+\dfrac{2}{6}=$

(12) $\dfrac{1}{7}+\dfrac{3}{7}=$

(13) $\dfrac{1}{5}+\dfrac{2}{5}=$

(14) $\dfrac{3}{10}+\dfrac{5}{10}=$

❷ 次の計算をしましょう。

1つ4点【40点】

(1) $\dfrac{3}{6}+\dfrac{2}{6}=$

(2) $\dfrac{4}{6}+\dfrac{1}{6}=$

(3) $\dfrac{6}{9}+\dfrac{2}{9}=$

(4) $\dfrac{5}{7}+\dfrac{1}{7}=$

(5) $\dfrac{3}{9}+\dfrac{3}{9}=$

(6) $\dfrac{2}{8}+\dfrac{3}{8}=$

(7) $\dfrac{3}{7}+\dfrac{1}{7}=$

(8) $\dfrac{4}{8}+\dfrac{1}{8}=$

(9) $\dfrac{1}{7}+\dfrac{4}{7}=$

(10) $\dfrac{5}{9}+\dfrac{1}{9}=$

 次の計算をしましょう。

1つ3点【18点】

スパイラル
コーナー
(1) $0.6+0.6=$

(2) $1.5+2.6=$

(3) $0.9+0.4=$

(4) $3.6+4.7=$

(5) $2.8+4.7=$

(6) $1.5+3.8=$

学習した日　　　月　　　日

名前

とく点

／100点

1364
解説→193ページ

---

① 次の計算をしましょう。

1つ3点【42点】

(1) $\dfrac{2}{7} + \dfrac{3}{7} =$

(2) $\dfrac{2}{8} + \dfrac{4}{8} =$

(3) $\dfrac{2}{9} + \dfrac{4}{9} =$

(4) $\dfrac{4}{9} + \dfrac{3}{9} =$

(5) $\dfrac{3}{8} + \dfrac{3}{8} =$

(6) $\dfrac{1}{7} + \dfrac{2}{7} =$

(7) $\dfrac{2}{6} + \dfrac{1}{6} =$

(8) $\dfrac{1}{3} + \dfrac{2}{3} =$

(9) $\dfrac{3}{6} + \dfrac{1}{6} =$

(10) $\dfrac{2}{5} + \dfrac{2}{5} =$

(11) $\dfrac{1}{6} + \dfrac{2}{6} =$

(12) $\dfrac{6}{8} + \dfrac{1}{8} =$

(13) $\dfrac{4}{7} + \dfrac{2}{7} =$

(14) $\dfrac{5}{8} + \dfrac{1}{8} =$

---

② 次の計算をしましょう。

1つ4点【40点】

(1) $\dfrac{5}{10} + \dfrac{1}{10} =$

(2) $\dfrac{1}{4} + \dfrac{2}{4} =$

(3) $\dfrac{4}{10} + \dfrac{3}{10} =$

(4) $\dfrac{7}{9} + \dfrac{1}{9} =$

(5) $\dfrac{3}{10} + \dfrac{2}{10} =$

(6) $\dfrac{1}{2} + \dfrac{1}{2} =$

(7) $\dfrac{2}{10} + \dfrac{7}{10} =$

(8) $\dfrac{2}{7} + \dfrac{1}{7} =$

(9) $\dfrac{4}{10} + \dfrac{4}{10} =$

(10) $\dfrac{1}{6} + \dfrac{1}{6} =$

 次の計算をしましょう。

1つ3点【18点】

スパイラルコーナー (1) $0.5 - 0.4 =$

(2) $0.9 - 0.1 =$

(3) $2.4 - 1.1 =$

(4) $3.3 - 2.1 =$

(5) $9.6 - 5.3 =$

(6) $7.2 - 4.5 =$

64 分数②

✐ 学習した日　　　月　　　日

名前

とく点

／100点

1364
解説→193ページ

❶ 次の計算をしましょう。　　1つ3点【42点】

(1) $\dfrac{2}{7} + \dfrac{3}{7} =$　　　　(2) $\dfrac{2}{8} + \dfrac{4}{8} =$

(3) $\dfrac{2}{9} + \dfrac{4}{9} =$　　　　(4) $\dfrac{4}{9} + \dfrac{3}{9} =$

(5) $\dfrac{3}{8} + \dfrac{3}{8} =$　　　　(6) $\dfrac{1}{7} + \dfrac{2}{7} =$

(7) $\dfrac{2}{6} + \dfrac{1}{6} =$　　　　(8) $\dfrac{1}{3} + \dfrac{2}{3} =$

(9) $\dfrac{3}{6} + \dfrac{1}{6} =$　　　　(10) $\dfrac{2}{5} + \dfrac{2}{5} =$

(11) $\dfrac{1}{6} + \dfrac{2}{6} =$　　　　(12) $\dfrac{6}{8} + \dfrac{1}{8} =$

(13) $\dfrac{4}{7} + \dfrac{2}{7} =$　　　　(14) $\dfrac{5}{8} + \dfrac{1}{8} =$

❷ 次の計算をしましょう。　　1つ4点【40点】

(1) $\dfrac{5}{10} + \dfrac{1}{10} =$　　　　(2) $\dfrac{1}{4} + \dfrac{2}{4} =$

(3) $\dfrac{4}{10} + \dfrac{3}{10} =$　　　　(4) $\dfrac{7}{9} + \dfrac{1}{9} =$

(5) $\dfrac{3}{10} + \dfrac{2}{10} =$　　　　(6) $\dfrac{1}{2} + \dfrac{1}{2} =$

(7) $\dfrac{2}{10} + \dfrac{7}{10} =$　　　　(8) $\dfrac{2}{7} + \dfrac{1}{7} =$

(9) $\dfrac{4}{10} + \dfrac{4}{10} =$　　　　(10) $\dfrac{1}{6} + \dfrac{1}{6} =$

 次の計算をしましょう。　　1つ3点【18点】

スパイラル
コーナー

(1) $0.5 - 0.4 =$　　　　(2) $0.9 - 0.1 =$

(3) $2.4 - 1.1 =$　　　　(4) $3.3 - 2.1 =$

(5) $9.6 - 5.3 =$　　　　(6) $7.2 - 4.5 =$

65 分数③

目ひょう時間
⏱
20分

学習した日　　　月　　　日　　とく点

名前

／100点

1365
解説→194ページ

❶ 次の計算をしましょう。　　1つ3点【42点】

(1) $\dfrac{5}{6} - \dfrac{4}{6} =$

(2) $\dfrac{2}{6} - \dfrac{1}{6} =$

(3) $\dfrac{2}{4} - \dfrac{1}{4} =$

(4) $\dfrac{7}{9} - \dfrac{2}{9} =$

(5) $\dfrac{5}{10} - \dfrac{1}{10} =$

(6) $\dfrac{5}{8} - \dfrac{1}{8} =$

(7) $\dfrac{8}{9} - \dfrac{1}{9} =$

(8) $\dfrac{7}{8} - \dfrac{2}{8} =$

(9) $\dfrac{6}{8} - \dfrac{3}{8} =$

(10) $\dfrac{3}{8} - \dfrac{1}{8} =$

(11) $\dfrac{5}{7} - \dfrac{2}{7} =$

(12) $\dfrac{3}{6} - \dfrac{2}{6} =$

(13) $\dfrac{4}{6} - \dfrac{3}{6} =$

(14) $\dfrac{4}{5} - \dfrac{2}{5} =$

❷ 次の計算をしましょう。　　1つ4点【40点】

(1) $\dfrac{2}{7} - \dfrac{1}{7} =$

(2) $\dfrac{5}{9} - \dfrac{4}{9} =$

(3) $\dfrac{7}{10} - \dfrac{5}{10} =$

(4) $\dfrac{3}{4} - \dfrac{1}{4} =$

(5) $\dfrac{4}{7} - \dfrac{1}{7} =$

(6) $\dfrac{3}{5} - \dfrac{2}{5} =$

(7) $\dfrac{7}{8} - \dfrac{5}{8} =$

(8) $\dfrac{9}{10} - \dfrac{2}{10} =$

(9) $\dfrac{6}{7} - \dfrac{2}{7} =$

(10) $\dfrac{8}{9} - \dfrac{3}{9} =$

↻ 次の計算をしましょう。　　1つ3点【18点】

スパイラル
コーナー
(1) $4.6 - 1.7 =$

(2) $2.3 - 0.8 =$

(3) $6.6 - 4.8 =$

(4) $3.8 - 0.9 =$

(5) $4.1 - 2.3 =$

(6) $5.6 - 3.8 =$

65 分数③

目ひょう時間
🕐
20分

学習した日　　　月　　　日

名前

とく点

／100点

1365
解説→194ページ

らくらくマルつけ

---

❶ 次の計算をしましょう。　1つ3点【42点】

(1) $\dfrac{5}{6} - \dfrac{4}{6} =$

(2) $\dfrac{2}{6} - \dfrac{1}{6} =$

(3) $\dfrac{2}{4} - \dfrac{1}{4} =$

(4) $\dfrac{7}{9} - \dfrac{2}{9} =$

(5) $\dfrac{5}{10} - \dfrac{1}{10} =$

(6) $\dfrac{5}{8} - \dfrac{1}{8} =$

(7) $\dfrac{8}{9} - \dfrac{1}{9} =$

(8) $\dfrac{7}{8} - \dfrac{2}{8} =$

(9) $\dfrac{6}{8} - \dfrac{3}{8} =$

(10) $\dfrac{3}{8} - \dfrac{1}{8} =$

(11) $\dfrac{5}{7} - \dfrac{2}{7} =$

(12) $\dfrac{3}{6} - \dfrac{2}{6} =$

(13) $\dfrac{4}{6} - \dfrac{3}{6} =$

(14) $\dfrac{4}{5} - \dfrac{2}{5} =$

---

❷ 次の計算をしましょう。　1つ4点【40点】

(1) $\dfrac{2}{7} - \dfrac{1}{7} =$

(2) $\dfrac{5}{9} - \dfrac{4}{9} =$

(3) $\dfrac{7}{10} - \dfrac{5}{10} =$

(4) $\dfrac{3}{4} - \dfrac{1}{4} =$

(5) $\dfrac{4}{7} - \dfrac{1}{7} =$

(6) $\dfrac{3}{5} - \dfrac{2}{5} =$

(7) $\dfrac{7}{8} - \dfrac{5}{8} =$

(8) $\dfrac{9}{10} - \dfrac{2}{10} =$

(9) $\dfrac{6}{7} - \dfrac{2}{7} =$

(10) $\dfrac{8}{9} - \dfrac{3}{9} =$

🔄 次の計算をしましょう。　1つ3点【18点】

スパイラルコーナー

(1) $4.6 - 1.7 =$

(2) $2.3 - 0.8 =$

(3) $6.6 - 4.8 =$

(4) $3.8 - 0.9 =$

(5) $4.1 - 2.3 =$

(6) $5.6 - 3.8 =$

66 分数④

目ひょう時間 ⏱ 20分

学習した日　　　月　　　日

名前

とく点 ／100点

1366
解説→194ページ

❶ 次の計算をしましょう。

1つ4点【56点】

(1) $\dfrac{4}{6} - \dfrac{1}{6} =$

(2) $\dfrac{3}{5} - \dfrac{1}{5} =$

(3) $1 - \dfrac{4}{7} =$

(4) $1 - \dfrac{1}{2} =$

(5) $\dfrac{5}{7} - \dfrac{1}{7} =$

(6) $\dfrac{8}{10} - \dfrac{5}{10} =$

(7) $\dfrac{6}{7} - \dfrac{1}{7} =$

(8) $\dfrac{7}{10} - \dfrac{1}{10} =$

(9) $\dfrac{3}{6} - \dfrac{1}{6} =$

(10) $\dfrac{4}{5} - \dfrac{3}{5} =$

(11) $1 - \dfrac{1}{4} =$

(12) $\dfrac{3}{7} - \dfrac{1}{7} =$

(13) $\dfrac{5}{8} - \dfrac{4}{8} =$

(14) $\dfrac{5}{9} - \dfrac{2}{9} =$

❷ 次の計算をしましょう。

1つ3点【24点】

(1) $\dfrac{3}{4} - \dfrac{2}{4} =$

(2) $\dfrac{5}{6} - \dfrac{1}{6} =$

(3) $\dfrac{4}{5} - \dfrac{1}{5} =$

(4) $1 - \dfrac{2}{6} =$

(5) $\dfrac{7}{9} - \dfrac{6}{9} =$

(6) $\dfrac{6}{9} - \dfrac{5}{9} =$

(7) $1 - \dfrac{3}{5} =$

(8) $\dfrac{7}{8} - \dfrac{1}{8} =$

次の筆算をしましょう。

1つ5点【20点】

スパイラルコーナー

(1)
```
  4 5.2
+   6.8
```

(2)
```
  6 6.3
+   8.9
```

(3)
```
  6 8.8
+ 2 6.8
```

(4)
```
  2 1.9
+ 3 7.8
```

66 分数④

学習した日　　月　　日　　とく点

名前

／100点

1366
解説→194ページ

❶ 次の計算をしましょう。　　　　　　　　　　1つ4点【56点】

(1) $\dfrac{4}{6} - \dfrac{1}{6} =$　　　　(2) $\dfrac{3}{5} - \dfrac{1}{5} =$

(3) $1 - \dfrac{4}{7} =$　　　　(4) $1 - \dfrac{1}{2} =$

(5) $\dfrac{5}{7} - \dfrac{1}{7} =$　　　　(6) $\dfrac{8}{10} - \dfrac{5}{10} =$

(7) $\dfrac{6}{7} - \dfrac{1}{7} =$　　　　(8) $\dfrac{7}{10} - \dfrac{1}{10} =$

(9) $\dfrac{3}{6} - \dfrac{1}{6} =$　　　　(10) $\dfrac{4}{5} - \dfrac{3}{5} =$

(11) $1 - \dfrac{1}{4} =$　　　　(12) $\dfrac{3}{7} - \dfrac{1}{7} =$

(13) $\dfrac{5}{8} - \dfrac{4}{8} =$　　　　(14) $\dfrac{5}{9} - \dfrac{2}{9} =$

❷ 次の計算をしましょう。　　　　　　　　　　1つ3点【24点】

(1) $\dfrac{3}{4} - \dfrac{2}{4} =$　　　　(2) $\dfrac{5}{6} - \dfrac{1}{6} =$

(3) $\dfrac{4}{5} - \dfrac{1}{5} =$　　　　(4) $1 - \dfrac{2}{6} =$

(5) $\dfrac{7}{9} - \dfrac{6}{9} =$　　　　(6) $\dfrac{6}{9} - \dfrac{5}{9} =$

(7) $1 - \dfrac{3}{5} =$　　　　(8) $\dfrac{7}{8} - \dfrac{1}{8} =$

🔄 次の筆算をしましょう。　　　　　　　1つ5点【20点】

スパイラル
コーナー

(1)
```
  4 5.2
+   6.8
```

(2)
```
  6 6.3
+   8.9
```

(3)
```
  6 8.8
+ 2 6.8
```

(4)
```
  2 1.9
+ 3 7.8
```

目ひょう時間
⏱
20分

✏学習した日　　　月　　　日

名前

とく点

／100点

1367
解説→195ページ

① 次の計算をしましょう。

1つ4点【24点】

(1) $\dfrac{1}{6} + \dfrac{3}{6} =$

(2) $\dfrac{2}{3} + \dfrac{1}{3} =$

(3) $\dfrac{1}{8} + \dfrac{6}{8} =$

(4) $\dfrac{1}{7} + \dfrac{4}{7} =$

(5) $\dfrac{1}{4} + \dfrac{3}{4} =$

(6) $\dfrac{7}{10} + \dfrac{1}{10} =$

② 次の計算をしましょう。

1つ4点【24点】

(1) $\dfrac{6}{8} - \dfrac{4}{8} =$

(2) $\dfrac{4}{7} - \dfrac{3}{7} =$

(3) $\dfrac{4}{6} - \dfrac{2}{6} =$

(4) $\dfrac{6}{9} - \dfrac{2}{9} =$

(5) $\dfrac{5}{8} - \dfrac{2}{8} =$

(6) $\dfrac{7}{8} - \dfrac{6}{8} =$

③ 次の計算をしましょう。

1つ4点【24点】

(1) $\dfrac{7}{9} + \dfrac{2}{9} =$

(2) $\dfrac{1}{10} + \dfrac{4}{10} =$

(3) $\dfrac{5}{9} + \dfrac{2}{9} =$

(4) $\dfrac{5}{6} - \dfrac{3}{6} =$

(5) $\dfrac{6}{7} - \dfrac{4}{7} =$

(6) $1 - \dfrac{1}{3} =$

🔄 次の筆算をしましょう。

1つ7点【28点】

スパイラルコーナー

(1)
```
  3 0.5
-   4.9
```

(2)
```
  2 1.6
-   5.8
```

(3)
```
  7 1.4
- 2 7.5
```

(4)
```
  3 1.4
- 2 5.7
```

67 分数⑤

目ひょう時間 🕐 20分

| ✏ 学習した日 | 月 | 日 | とく点 |
| 名前 | | | /100点 |

1367
解説→195ページ

❶ 次の計算をしましょう。　1つ4点【24点】

(1) $\dfrac{1}{6} + \dfrac{3}{6} =$

(2) $\dfrac{2}{3} + \dfrac{1}{3} =$

(3) $\dfrac{1}{8} + \dfrac{6}{8} =$

(4) $\dfrac{1}{7} + \dfrac{4}{7} =$

(5) $\dfrac{1}{4} + \dfrac{3}{4} =$

(6) $\dfrac{7}{10} + \dfrac{1}{10} =$

❷ 次の計算をしましょう。　1つ4点【24点】

(1) $\dfrac{6}{8} - \dfrac{4}{8} =$

(2) $\dfrac{4}{7} - \dfrac{3}{7} =$

(3) $\dfrac{4}{6} - \dfrac{2}{6} =$

(4) $\dfrac{6}{9} - \dfrac{2}{9} =$

(5) $\dfrac{5}{8} - \dfrac{2}{8} =$

(6) $\dfrac{7}{8} - \dfrac{6}{8} =$

❸ 次の計算をしましょう。　1つ4点【24点】

(1) $\dfrac{7}{9} + \dfrac{2}{9} =$

(2) $\dfrac{1}{10} + \dfrac{4}{10} =$

(3) $\dfrac{5}{9} + \dfrac{2}{9} =$

(4) $\dfrac{5}{6} - \dfrac{3}{6} =$

(5) $\dfrac{6}{7} - \dfrac{4}{7} =$

(6) $1 - \dfrac{1}{3} =$

🔄 次の筆算をしましょう。　1つ7点【28点】

スパイラルコーナー

(1)
```
  3 0.5
-    4.9
```

(2)
```
  2 1.6
-    5.8
```

(3)
```
  7 1.4
- 2 7.5
```

(4)
```
  3 1.4
- 2 5.7
```

68 まとめのテスト⑩

解説→196ページ

学習した日　　月　　日　　とく点

名前

／100点

らくらくマルつけ 1368

❶ 次の計算をしましょう。　1つ5点【30点】

(1) $\dfrac{8}{10} + \dfrac{1}{10} =$

(2) $\dfrac{2}{7} + \dfrac{2}{7} =$

(3) $\dfrac{1}{9} + \dfrac{6}{9} =$

(4) $\dfrac{3}{9} + \dfrac{1}{9} =$

(5) $\dfrac{4}{5} + \dfrac{1}{5} =$

(6) $\dfrac{2}{4} + \dfrac{2}{4} =$

❷ 次の計算をしましょう。　1つ5点【30点】

(1) $\dfrac{2}{5} - \dfrac{1}{5} =$

(2) $\dfrac{6}{7} - \dfrac{3}{7} =$

(3) $\dfrac{4}{9} - \dfrac{2}{9} =$

(4) $\dfrac{3}{9} - \dfrac{2}{9} =$

(5) $\dfrac{6}{8} - \dfrac{5}{8} =$

(6) $1 - \dfrac{2}{7} =$

❸ リンゴジュースが $\dfrac{3}{7}$ L、牛にゅうが $\dfrac{2}{7}$ L あります。合わせて何 L ですか。　【全部できて12点】

(式)

答え（　　　　　）

❹ メロンの重さが $\dfrac{8}{9}$ kg、モモの重さが $\dfrac{3}{9}$ kg でした。ちがいは何 kg ですか。　【全部できて12点】

(式)

答え（　　　　　）

❺ 1mのリボンのうち、$\dfrac{3}{5}$ m を切り取りました。のこりのリボンの長さは何 m ですか。　【全部できて16点】

(式)

答え（　　　　　）

68 まとめのテスト⑩

目ひょう時間 20分

学習した日　　　月　　　日

名前

とく点　　／100点

1368
解説→196ページ

---

❶ 次の計算をしましょう。　　1つ5点【30点】

(1) $\dfrac{8}{10} + \dfrac{1}{10} =$

(2) $\dfrac{2}{7} + \dfrac{2}{7} =$

(3) $\dfrac{1}{9} + \dfrac{6}{9} =$

(4) $\dfrac{3}{9} + \dfrac{1}{9} =$

(5) $\dfrac{4}{5} + \dfrac{1}{5} =$

(6) $\dfrac{2}{4} + \dfrac{2}{4} =$

❷ 次の計算をしましょう。　　1つ5点【30点】

(1) $\dfrac{2}{5} - \dfrac{1}{5} =$

(2) $\dfrac{6}{7} - \dfrac{3}{7} =$

(3) $\dfrac{4}{9} - \dfrac{2}{9} =$

(4) $\dfrac{3}{9} - \dfrac{2}{9} =$

(5) $\dfrac{6}{8} - \dfrac{5}{8} =$

(6) $1 - \dfrac{2}{7} =$

---

❸ リンゴジュースが$\dfrac{3}{7}$L、牛にゅうが$\dfrac{2}{7}$Lあります。合わせて何Lですか。　　【全部できて12点】

(式)

答え(　　　　　　)

❹ メロンの重さが$\dfrac{8}{9}$kg、モモの重さが$\dfrac{3}{9}$kgでした。ちがいは何kgですか。　　【全部できて12点】

(式)

答え(　　　　　　)

❺ 1mのリボンのうち、$\dfrac{3}{5}$mを切り取りました。のこりのリボンの長さは何mですか。　　【全部できて16点】

(式)

答え(　　　　　　)

目ひょう時間
🕐 **20分**

❶ 次の ▢ にあてはまる数を書きましょう。【32点】

(1) $2 \times 30 = 2 \times ($ ▢ $\times 10)$

　　　$= (2 \times$ ▢ $) \times 10$

　　　$=$ ▢ $\times 10$

　　　$=$ ▢

（全部できて16点）

(2) $7 \times 80 = 7 \times ($ ▢ $\times 10)$

　　　$= (7 \times$ ▢ $) \times 10$

　　　$=$ ▢ $\times 10$

　　　$=$ ▢

（全部できて16点）

❷ 次の計算をしましょう。 1つ4点【16点】

(1) $4 \times 20 =$

(2) $3 \times 30 =$

(3) $9 \times 30 =$

(4) $6 \times 50 =$

❸ 次の計算をしましょう。 1つ4点【40点】

(1) $45 \times 20 =$

(2) $22 \times 30 =$

(3) $23 \times 30 =$

(4) $12 \times 40 =$

(5) $21 \times 20 =$

(6) $32 \times 30 =$

(7) $24 \times 20 =$

(8) $11 \times 50 =$

(9) $13 \times 40 =$

(10) $24 \times 30 =$

↻ 次の数を書きましょう。 1つ4点【12点】

スパイラル
コーナー

(1) 1を7等分した1つ分の数 （　　　　）

(2) 1を6等分した2つ分の数 （　　　　）

(3) 1を9等分した7つ分の数 （　　　　）

69 2けたの数をかけるかけ算①

目ひょう時間 20分

学習した日	月	日	とく点
名前			/100点

1369 解説→196ページ

❶ 次の □ にあてはまる数を書きましょう。 【32点】

(1) $2 \times 30 = 2 \times (\boxed{} \times 10)$

$ = (2 \times \boxed{}) \times 10$

$ = \boxed{} \times 10$

$ = \boxed{}$

（全部できて16点）

(2) $7 \times 80 = 7 \times (\boxed{} \times 10)$

$ = (7 \times \boxed{}) \times 10$

$ = \boxed{} \times 10$

$ = \boxed{}$

（全部できて16点）

❷ 次の計算をしましょう。 1つ4点【16点】

(1) $4 \times 20 =$　　　(2) $3 \times 30 =$

(3) $9 \times 30 =$　　　(4) $6 \times 50 =$

❸ 次の計算をしましょう。 1つ4点【40点】

(1) $45 \times 20 =$　　　(2) $22 \times 30 =$

(3) $23 \times 30 =$　　　(4) $12 \times 40 =$

(5) $21 \times 20 =$　　　(6) $32 \times 30 =$

(7) $24 \times 20 =$　　　(8) $11 \times 50 =$

(9) $13 \times 40 =$　　　(10) $24 \times 30 =$

スパイラルコーナー 次の数を書きましょう。 1つ4点【12点】

(1) 1を7等分した1つ分の数 （　　　　）

(2) 1を6等分した2つ分の数 （　　　　）

(3) 1を9等分した7つ分の数 （　　　　）

目ひょう時間 20分

学習した日　　　月　　　日　　とく点

名前

／100点

1370
解説→196ページ

❶ 13×12を考えます。次の□□にあてはまる数を書きましょう。

1つ4点【12点】

13×10＝□□□ 、 13×2＝□□□

合わせて □□□

❷ 次の筆算をしましょう。

1つ6点【36点】

(1)　　1 2
　　×3 3

(2)　　2 2
　　×4 2

(3)　　3 1
　　×2 3

(4)　　2 3
　　×3 2

(5)　　4 1
　　×2 1

(6)　　3 4
　　×1 1

❸ 次の筆算をしましょう。

1つ6点【36点】

(1)　　1 4
　　×4 6

(2)　　1 6
　　×3 4

(3)　　2 5
　　×2 3

(4)　　2 4
　　×1 3

(5)　　3 6
　　×2 2

(6)　　1 8
　　×5 4

🔄 次の小数と大きさが等しい分数を書きましょう。

スパイラルコーナー

1つ4点【16点】

(1) 0.2 （　　　　） (2) 0.6 （　　　　）

(3) 0.7 （　　　　） (4) 0.5 （　　　　）

70 2けたの数をかけるかけ算②

目ひょう時間 ⏱ **20分**

学習した日 　月　　日　とく点　名前 ／100点

1370
解説→196ページ

❶ 13×12を考えます。次の□にあてはまる数を書きましょう。

1つ4点【12点】

13×10=□ 、 13×2=□

合わせて □

❷ 次の筆算をしましょう。

1つ6点【36点】

(1)
```
  1 2
× 3 3
```

(2)
```
  2 2
× 4 2
```

(3)
```
  3 1
× 2 3
```

(4)
```
  2 3
× 3 2
```

(5)
```
  4 1
× 2 1
```

(6)
```
  3 4
× 1 1
```

❸ 次の筆算をしましょう。

1つ6点【36点】

(1)
```
  1 4
× 4 6
```

(2)
```
  1 6
× 3 4
```

(3)
```
  2 5
× 2 3
```

(4)
```
  2 4
× 1 3
```

(5)
```
  3 6
× 2 2
```

(6)
```
  1 8
× 5 4
```

🔄 次の小数と大きさが等しい分数を書きましょう。

スパイラルコーナー

1つ4点【16点】

(1) 0.2 （　　　　）　(2) 0.6 （　　　　）

(3) 0.7 （　　　　）　(4) 0.5 （　　　　）

71 2けたの数をかけるかけ算③

📝 学習した日　　月　　日　とく点　名前　／100点　1371　解説→197ページ

❶ 次の筆算をしましょう。　　　1つ6点【54点】

(1)
```
    4 7
×   2 8
```

(2)
```
    2 8
×   3 6
```

(3)
```
    1 8
×   4 9
```

(4)
```
    1 7
×   5 7
```

(5)
```
    2 5
×   3 8
```

(6)
```
    3 4
×   2 6
```

(7)
```
    2 9
×   3 7
```

(8)
```
    7 8
×   1 7
```

(9)
```
    8 7
×   1 9
```

❷ 25×28を筆算を使わずに計算する方ほうを考えます。次の□にあてはまる数を書きましょう。　【全部できて20点】

$$25 \times 28 = 25 \times (\boxed{} \times 7)$$

$$= (25 \times \boxed{}) \times 7$$

$$= \boxed{} \times 7$$

$$= \boxed{}$$

❸ 次の計算を筆算を使わずにしましょう。　　1つ5点【10点】

(1) $25 \times 24 =$

(2) $16 \times 25 =$

🔄 次の計算をしましょう。　　　1つ4点【16点】

スパイラルコーナー

(1) $\dfrac{2}{6} + \dfrac{3}{6} =$　　(2) $\dfrac{4}{8} + \dfrac{2}{8} =$

(3) $\dfrac{1}{5} + \dfrac{3}{5} =$　　(4) $\dfrac{2}{9} + \dfrac{2}{9} =$

71 2けたの数をかけるかけ算③

目ひょう時間 20分

学習した日　　　月　　　日

名前

とく点 ／100点

1371
解説→197ページ

❶ 次の筆算をしましょう。　　1つ6点【54点】

(1)
```
    4 7
×   2 8
```

(2)
```
    2 8
×   3 6
```

(3)
```
    1 8
×   4 9
```

(4)
```
    1 7
×   5 7
```

(5)
```
    2 5
×   3 8
```

(6)
```
    3 4
×   2 6
```

(7)
```
    2 9
×   3 7
```

(8)
```
    7 8
×   1 7
```

(9)
```
    8 7
×   1 9
```

❷ 25×28を筆算を使わずに計算する方ほうを考えます。次の□にあてはまる数を書きましょう。　　【全部できて20点】

$$25 \times 28 = 25 \times (\boxed{} \times 7)$$

$$= (25 \times \boxed{}) \times 7$$

$$= \boxed{} \times 7$$

$$= \boxed{}$$

❸ 次の計算を筆算を使わずにしましょう。　　1つ5点【10点】

(1) 25×24＝

(2) 16×25＝

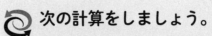
次の計算をしましょう。　　1つ4点【16点】

スパイラルコーナー

(1) $\dfrac{2}{6} + \dfrac{3}{6} =$

(2) $\dfrac{4}{8} + \dfrac{2}{8} =$

(3) $\dfrac{1}{5} + \dfrac{3}{5} =$

(4) $\dfrac{2}{9} + \dfrac{2}{9} =$

72 2けたの数をかけるかけ算④

目ひょう時間 20分

学習した日　　月　　日

名前

とく点 ／100点

1372
解説→197ページ

① 次の筆算をしましょう。　　　　　　　　　1つ6点【54点】

(1)
```
   7 2
 × 9 9
```

(2)
```
   9 6
 × 4 6
```

(3)
```
   8 6
 × 5 3
```

(4)
```
   8 9
 × 6 9
```

(5)
```
   6 4
 × 5 6
```

(6)
```
   7 2
 × 7 7
```

(7)
```
   8 5
 × 3 8
```

(8)
```
   6 1
 × 4 2
```

(9)
```
   9 2
 × 7 8
```

② 次の筆算をしましょう。　　　　　　　　　1つ6点【18点】

(1)
```
   7 2
 × 3 0
```

(2)
```
   9 6
 × 4 0
```

(3)
```
   8 6
 × 4 0
```

③ 次の筆算をしましょう。　　　　　　　　【全部できて8点】

```
     6
 × 3 4
```

```
   3 4
 ×   6
```

 次の計算をしましょう。　　　　　　　　1つ5点【20点】

スパイラル
コーナー

(1) $\dfrac{2}{7} + \dfrac{4}{7} =$

(2) $\dfrac{3}{6} + \dfrac{3}{6} =$

(3) $\dfrac{2}{5} + \dfrac{1}{5} =$

(4) $\dfrac{4}{10} + \dfrac{6}{10} =$

72 **2けたの数をかけるかけ算④**

学習した日　　　月　　　日

名前

とく点

／100点

  1372 解説→197ページ

❶ 次の筆算をしましょう。　　　　1つ6点【54点】

(1)
```
    7 2
×   9 9
```

(2)
```
    9 6
×   4 6
```

(3)
```
    8 6
×   5 3
```

(4)
```
    8 9
×   6 9
```

(5)
```
    6 4
×   5 6
```

(6)
```
    7 2
×   7 7
```

(7)
```
    8 5
×   3 8
```

(8)
```
    6 1
×   4 2
```

(9)
```
    9 2
×   7 8
```

❷ 次の筆算をしましょう。　　　　1つ6点【18点】

(1)
```
    7 2
×   3 0
```

(2)
```
    9 6
×   4 0
```

(3)
```
    8 6
×   4 0
```

❸ 次の筆算をしましょう。　　　　【全部できて8点】

```
      6
×   3 4
```

```
    3 4
×     6
```

 次の計算をしましょう。　　　　1つ5点【20点】

スパイラル
コーナー

(1) $\dfrac{2}{7} + \dfrac{4}{7} =$

(2) $\dfrac{3}{6} + \dfrac{3}{6} =$

(3) $\dfrac{2}{5} + \dfrac{1}{5} =$

(4) $\dfrac{4}{10} + \dfrac{6}{10} =$

目ひょう時間 🕐 **20分**

✐ 学習した日　　　月　　　日　　とく点

名前

／100点

1373
解説→198ページ

---

❶ 次の筆算をしましょう。

1つ4点【36点】

(1)
```
   1 2 1
 ×   3 2
```

(2)
```
   2 4 4
 ×   2 1
```

(3)
```
   8 6 5
 ×   1 1
```

(4)
```
   3 2 2
 ×   3 3
```

(5)
```
   2 3 1
 ×   2 3
```

(6)
```
   1 2 3
 ×   3 1
```

(7)
```
   4 3 2
 ×   1 2
```

(8)
```
   6 5 7
 ×   1 1
```

(9)
```
   3 1 1
 ×   1 3
```

---

❷ 次の筆算をしましょう。

1つ4点【36点】

(1)
```
   1 2 2
 ×   3 0
```

(2)
```
   2 3 4
 ×   2 0
```

(3)
```
   7 5 4
 ×   1 0
```

(4)
```
   2 4 9
 ×   3 0
```

(5)
```
   6 5 8
 ×   5 0
```

(6)
```
   6 8 2
 ×   6 0
```

(7)
```
   2 5 8
 ×   4 0
```

(8)
```
   3 6 8
 ×   7 0
```

(9)
```
   2 3 4
 ×   9 0
```

 次の計算をしましょう。

1つ7点【28点】

スパイラルコーナー

(1) $\dfrac{7}{9} - \dfrac{3}{9} =$

(2) $\dfrac{5}{6} - \dfrac{2}{6} =$

(3) $\dfrac{5}{10} - \dfrac{4}{10} =$

(4) $\dfrac{6}{8} - \dfrac{1}{8} =$

73 2けたの数をかけるかけ算⑤

目ひょう時間 ⏱ 20分

学習した日　　　月　　　日

名前

とく点 ／100点

1373
解説→198ページ

❶ 次の筆算をしましょう。　　　1つ4点【36点】

(1)
```
    1 2 1
  ×   3 2
```

(2)
```
    2 4 4
  ×   2 1
```

(3)
```
    8 6 5
  ×   1 1
```

(4)
```
    3 2 2
  ×   3 3
```

(5)
```
    2 3 1
  ×   2 3
```

(6)
```
    1 2 3
  ×   3 1
```

(7)
```
    4 3 2
  ×   1 2
```

(8)
```
    6 5 7
  ×   1 1
```

(9)
```
    3 1 1
  ×   1 3
```

❷ 次の筆算をしましょう。　　　1つ4点【36点】

(1)
```
    1 2 2
  ×   3 0
```

(2)
```
    2 3 4
  ×   2 0
```

(3)
```
    7 5 4
  ×   1 0
```

(4)
```
    2 4 9
  ×   3 0
```

(5)
```
    6 5 8
  ×   5 0
```

(6)
```
    6 8 2
  ×   6 0
```

(7)
```
    2 5 8
  ×   4 0
```

(8)
```
    3 6 8
  ×   7 0
```

(9)
```
    2 3 4
  ×   9 0
```

 次の計算をしましょう。　　　1つ7点【28点】

スパイラルコーナー

(1) $\dfrac{7}{9} - \dfrac{3}{9} =$

(2) $\dfrac{5}{6} - \dfrac{2}{6} =$

(3) $\dfrac{5}{10} - \dfrac{4}{10} =$

(4) $\dfrac{6}{8} - \dfrac{1}{8} =$

目ひょう時間
⏱ 20分

学習した日　　　月　　　日　　とく点

名前

/100点

1374
解説→198ページ

---

1 次の筆算をしましょう。

1つ6点【54点】

(1)
```
  1 1 3
×   8 7
```

(2)
```
  2 3 3
×   4 8
```

(3)
```
  3 5 7
×   2 7
```

(4)
```
  4 2 9
×   2 8
```

(5)
```
  2 1 8
×   4 8
```

(6)
```
  6 4 8
×   1 9
```

(7)
```
  3 7 2
×   2 5
```

(8)
```
  4 0 8
×   2 7
```

(9)
```
  3 0 9
×   3 6
```

---

2 次の筆算をしましょう。

1つ5点【30点】

(1)
```
  8 3 0
×   5 6
```

(2)
```
  7 8 8
×   5 9
```

(3)
```
  5 3 4
×   8 2
```

(4)
```
  6 8 2
×   7 5
```

(5)
```
  4 8 3
×   4 3
```

(6)
```
  9 0 3
×   7 3
```

🔄 **次の計算をしましょう。**

1つ4点【16点】

スパイラル
コーナー

(1) $\dfrac{4}{10} - \dfrac{2}{10} =$

(2) $\dfrac{4}{8} - \dfrac{3}{8} =$

(3) $\dfrac{6}{7} - \dfrac{3}{7} =$

(4) $\dfrac{3}{9} - \dfrac{2}{9} =$

149

74 **2けたの数をかけるかけ算⑥**

目ひょう時間 ⏱ **20分**

🖉 学習した日　　　月　　　日

名前

とく点　／100点

1374
解説→198ページ

❶ 次の筆算をしましょう。

1つ6点【54点】

(1)
```
   1 1 3
 ×   8 7
```

(2)
```
   2 3 3
 ×   4 8
```

(3)
```
   3 5 7
 ×   2 7
```

(4)
```
   4 2 9
 ×   2 8
```

(5)
```
   2 1 8
 ×   4 8
```

(6)
```
   6 4 8
 ×   1 9
```

(7)
```
   3 7 2
 ×   2 5
```

(8)
```
   4 0 8
 ×   2 7
```

(9)
```
   3 0 9
 ×   3 6
```

❷ 次の筆算をしましょう。

1つ5点【30点】

(1)
```
   8 3 0
 ×   5 6
```

(2)
```
   7 8 8
 ×   5 9
```

(3)
```
   5 3 4
 ×   8 2
```

(4)
```
   6 8 2
 ×   7 5
```

(5)
```
   4 8 3
 ×   4 3
```

(6)
```
   9 0 3
 ×   7 3
```

 次の計算をしましょう。

スパイラルコーナー

1つ4点【16点】

(1) $\dfrac{4}{10} - \dfrac{2}{10} =$

(2) $\dfrac{4}{8} - \dfrac{3}{8} =$

(3) $\dfrac{6}{7} - \dfrac{3}{7} =$

(4) $\dfrac{3}{9} - \dfrac{2}{9} =$

学習した日　　　月　　　日

名前

とく点

／100点

1375
解説→199ページ

① 次の筆算をしましょう。　1つ6点【18点】

(1)
　　99
×　61

(2)
　　44
×　54

(3)
　　62
×　45

② 次の筆算をしましょう。　1つ7点【42点】

(1)
　462
×　56

(2)
　827
×　74

(3)
　193
×　92

(4)
　224
×　54

(5)
　890
×　28

(6)
　509
×　74

③ 1日は何分ですか。　【全部できて10点】

(式)

答え(　　　　　　　　　)

④ 1こ478gのバスケットボールが18こあります。重さは全部で何gですか。　【全部できて10点】

(式)

答え(　　　　　　　　　)

⑤ 1こ374円の商品を36こ買います。代金はいくらになりますか。　【全部できて20点】

(式)

答え(　　　　　　　　　)

75 まとめのテスト⓫

目ひょう時間
⏱
20分

学習した日　　　月　　　日

名前

とく点

／100点

1375
解説→199ページ

らくらくマルつけ

---

❶ 次の筆算をしましょう。

1つ6点【18点】

(1)
```
   9 9
×  6 1
```

(2)
```
   4 4
×  5 4
```

(3)
```
   6 2
×  4 5
```

❷ 次の筆算をしましょう。

1つ7点【42点】

(1)
```
   4 6 2
×     5 6
```

(2)
```
   8 2 7
×     7 4
```

(3)
```
   1 9 3
×     9 2
```

(4)
```
   2 2 4
×     5 4
```

(5)
```
   8 9 0
×     2 8
```

(6)
```
   5 0 9
×     7 4
```

---

❸ １日は何分ですか。

【全部できて10点】

(式)

答え(　　　　　　　　　)

❹ １こ478gのバスケットボールが18こあります。重さは全部で何gですか。

【全部できて10点】

(式)

答え(　　　　　　　　　)

❺ １こ374円の商品を36こ買います。代金はいくらになりますか。

【全部できて20点】

(式)

答え(　　　　　　　　　)

76 パズル④

 学習した日　　　月　　　日　　とく点　　／100点

名前

1376
解説→199ページ

目ひょう時間 20分

❶【レベル1】◯にあてはまる数を書きましょう。　1つ12点【48点】

(1)
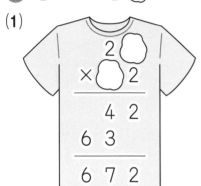

```
    2 ◯
  ×   2
  ───────
    4 2
  6 3
  ───────
  6 7 2
```

(2)
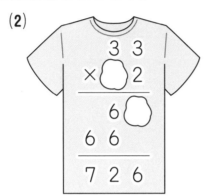

```
    3 3
  × ◯ 2
  ───────
    6 ◯
  6 6
  ───────
  7 2 6
```

(3)
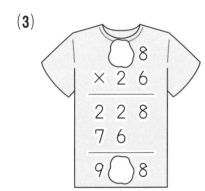

```
    ◯ 8
  ×   2 6
  ───────
    2 2 8
  7 6
  ───────
  9 ◯ 8
```

(4)
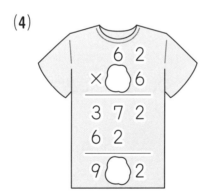

```
    6 2
  × ◯ 6
  ───────
    3 7 2
  6 2
  ───────
  9 ◯ 2
```

❷【レベル2】◯にあてはまる数を書きましょう。　1つ13点【26点】

(1)
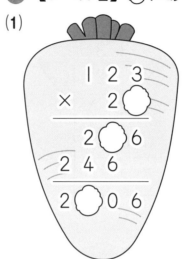

```
    1 2 3
  ×   2 ◯
  ─────────
    2 ◯ 6
  2 4 6
  ─────────
  2 ◯ 0 6
```

(2)

```
    4 ◯ 3
  ×     1 ◯
  ─────────
    2 4 1 5
  4 8 3
  ─────────
  7 2 ◯ 5
```

❸【レベル3】◯にあてはまる数を書きましょう。　1つ13点【26点】

(1)
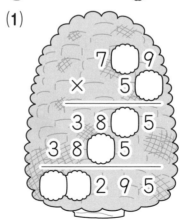

```
      7 ◯ 9
  ×       5 ◯
  ─────────
    3 8 ◯ 5
  3 8 ◯ 5
  ─────────
  ◯ ◯ 2 9 5
```

(2)
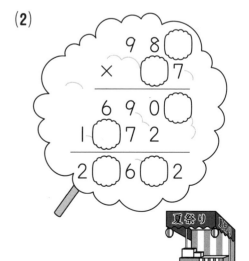

```
        9 8 ◯
  ×     ◯ 7
  ─────────
    6 9 0 ◯
  1 ◯ 7 2
  ─────────
  2 ◯ 6 ◯ 2
```

153

76 パズル④

目ひょう時間 🕐 20分

学習した日　　月　　日

名前

とく点 ／100点

らくらくマルつけ
1376
解説→199ページ

---

❶【レベル1】◯にあてはまる数を書きましょう。　1つ12点【48点】

(1)
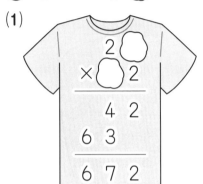

```
    2 ◯
  × ◯ 2
  -------
    4 2
  6 3
  -------
  6 7 2
```

(2)
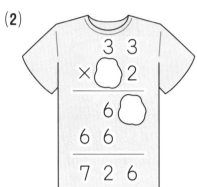

```
    3 3
  × ◯ 2
  -------
    6 ◯
  6 6
  -------
  7 2 6
```

(3)
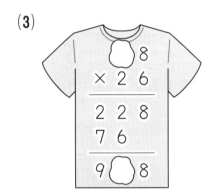

```
      8
  × 2 6
  -------
  2 2 8
  7 6
  -------
  9 ◯ 8
```

(4)
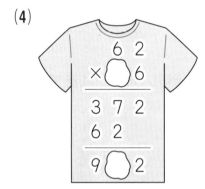

```
    6 2
  × ◯ 6
  -------
  3 7 2
  6 2
  -------
  9 ◯ 2
```

---

❷【レベル2】◯にあてはまる数を書きましょう。　1つ13点【26点】

(1)
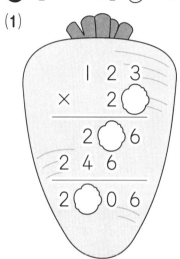

```
    1 2 3
  ×    ◯
  ---------
    2 ◯ 6
  2 4 6
  ---------
  2 ◯ 0 6
```

(2)
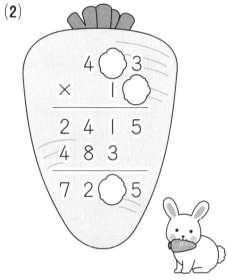

```
    4 ◯ 3
  ×     ◯
  ---------
  2 4 1 5
  4 8 3
  ---------
  7 2 ◯ 5
```

❸【レベル3】◯にあてはまる数を書きましょう。　1つ13点【26点】

(1)
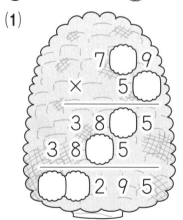

```
    7 ◯ 9
  × 5 ◯
  ---------
  3 8 ◯ 5
  3 8 ◯ 5
  -----------
  ◯ ◯ 2 9 5
```

(2)
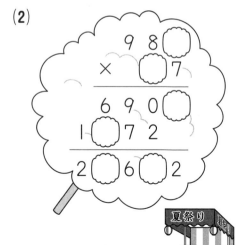

```
      9 8 ◯
  ×   ◯ 7
  -----------
    6 9 0 ◯
  1 ◯ 7 2
  -----------
  2 ◯ 6 ◯ 2
```

目ひょう時間 ⏱ **20分**

✏ 学習した日　　　月　　　日

名前

とく点 ／100点

1377
解説→200ページ

❶ □＋8＝12の□にあてはまる数を考えます。次の図をみて
式をつくり、□にあてはまる数をもとめましょう。

【全部できて9点】

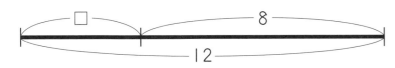

（式）

答え（　　　　）

❷ □×4＝36の□にあてはまる数を考えます。次の図をみて
式をつくり、□にあてはまる数を書きましょう。【全部できて9点】

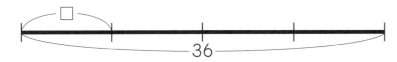

（式）

答え（　　　　）

❸ 次の□にあてはまる数をもとめましょう。

1つ8点【32点】

(1) □＋12＝21
□＝

(2) □＋13＝45
□＝

(3) □＋25＝35
□＝

(4) □＋33＝35
□＝

❹ 次の□にあてはまる数をもとめましょう。

1つ8点【32点】

(1) □×2＝16
□＝

(2) □×7＝63
□＝

(3) □×10＝60
□＝

(4) □×12＝120
□＝

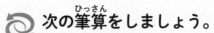 次の筆算をしましょう。

1つ6点【18点】

スパイラルコーナー
(1)
```
   3 2
 × 1 3
```

(2)
```
   2 3
 × 3 2
```

(3)
```
   1 1
 × 5 4
```

77 □を使った式①

目ひょう時間 ⏱ 20分

学習した日　　　月　　　日

名前

とく点　　／100点

1377
解説→200ページ

❶ □＋8＝12の□にあてはまる数を考えます。次の図をみて式をつくり、□にあてはまる数をもとめましょう。

【全部できて9点】

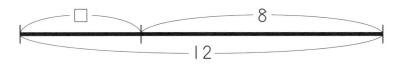

(式)

答え(　　　　)

❷ □×4＝36の□にあてはまる数を考えます。次の図をみて式をつくり、□にあてはまる数を書きましょう。【全部できて9点】

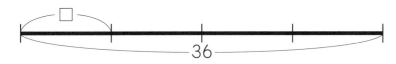

(式)

答え(　　　　)

❸ 次の□にあてはまる数をもとめましょう。

1つ8点【32点】

(1) □＋12＝21　　(2) □＋13＝45
　　□＝　　　　　　　　□＝

(3) □＋25＝35　　(4) □＋33＝35
　　□＝　　　　　　　　□＝

❹ 次の□にあてはまる数をもとめましょう。

1つ8点【32点】

(1) □×2＝16　　(2) □×7＝63
　　□＝　　　　　　　　□＝

(3) □×10＝60　　(4) □×12＝120
　　□＝　　　　　　　　□＝

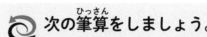 次の筆算をしましょう。

1つ6点【18点】

スパイラルコーナー

(1)
```
  3 2
× 1 3
```

(2)
```
  2 3
× 3 2
```

(3)
```
  1 1
× 5 4
```

78 □を使った式②

目ひょう時間 ⏱ 20分

🖊 学習した日　　　月　　　日
名前
とく点　／100点

1378
解説→200ページ

❶ □−6＝18の□にあてはまる数を考えます。次の図をみて式をつくり、□にあてはまる数をもとめましょう。

【全部できて9点】

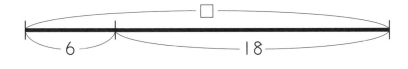

（式）

答え（　　　　）

❷ 25−□＝10の□にあてはまる数を考えます。次の図をみて式をつくり、□にあてはまる数をもとめましょう。

【全部できて9点】

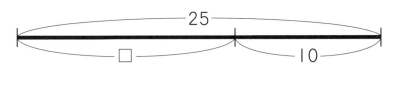

（式）

答え（　　　　）

❸ 次の□にあてはまる数をもとめましょう。

1つ8点【32点】

(1) □−9＝13
□＝

(2) □−12＝40
□＝

(3) □−11＝45
□＝

(4) □−26＝37
□＝

❹ 次の□にあてはまる数をもとめましょう。

1つ8点【32点】

(1) 22−□＝11
□＝

(2) 26−□＝8
□＝

(3) 32−□＝26
□＝

(4) 48−□＝36
□＝

🔄 次の筆算をしましょう。

1つ6点【18点】

スパイラルコーナー

(1)
```
   6 5
 × 7 5
```

(2)
```
   7 3
 × 6 7
```

(3)
```
   5 8
 × 7 9
```

78 □を使った式②

目ひょう時間
⏱ 20分

📝学習した日　　　月　　　日　　とく点

名前

／100点

1378
解説→200ページ

❶ □−6＝18の□にあてはまる数を考えます。次の図をみて式をつくり、□にあてはまる数をもとめましょう。

【全部できて9点】

（式）

答え（　　　　　）

❷ 25−□＝10の□にあてはまる数を考えます。次の図をみて式をつくり、□にあてはまる数をもとめましょう。

【全部できて9点】

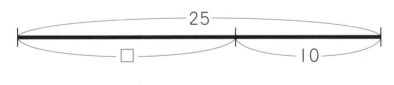

（式）

答え（　　　　　）

❸ 次の□にあてはまる数をもとめましょう。

1つ8点【32点】

(1) □−9＝13
　　□＝

(2) □−12＝40
　　□＝

(3) □−11＝45
　　□＝

(4) □−26＝37
　　□＝

❹ 次の□にあてはまる数をもとめましょう。

1つ8点【32点】

(1) 22−□＝11
　　□＝

(2) 26−□＝8
　　□＝

(3) 32−□＝26
　　□＝

(4) 48−□＝36
　　□＝

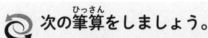

次の筆算をしましょう。

1つ6点【18点】

スパイラルコーナー
(1) 　65
　×75

(2) 　73
　×67

(3) 　58
　×79

目ひょう時間 ⏱ **20分**

🖉 学習した日　　　月　　　日

名前

とく点　／100点

1379
解説→200ページ

❶ □÷4＝9の□にあてはまる数を考えます。次の図をみて式をつくり、□にあてはまる数をもとめましょう。

【全部できて9点】

（式）

答え（　　　　）

❷ 48÷□＝16の□にあてはまる数を考えます。次の図をみて式をつくり、□にあてはまる数をもとめましょう。

【全部できて9点】

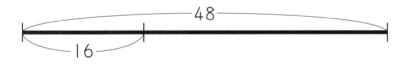

（式）

答え（　　　　）

❸ 次の□にあてはまる数をもとめましょう。

1つ8点【32点】

(1)　□÷2＝12
　　　□＝

(2)　□÷5＝11
　　　□＝

(3)　□÷9＝9
　　　□＝

(4)　□÷10＝6
　　　□＝

❹ 次の□にあてはまる数をもとめましょう。

1つ8点【32点】

(1)　42÷□＝7
　　　□＝

(2)　18÷□＝2
　　　□＝

(3)　56÷□＝8
　　　□＝

(4)　140÷□＝10
　　　□＝

 **次の筆算をしましょう。**

1つ6点【18点】

スパイラルコーナー

(1)　　　5 1 4
　　　×　 7 3

(2)　　　4 1 9
　　　×　 2 9

(3)　　　2 9 1
　　　×　 9 3

159

79 □を使った式③

❶ □÷4＝9の□にあてはまる数を考えます。次の図をみて式をつくり、□にあてはまる数をもとめましょう。

【全部できて9点】

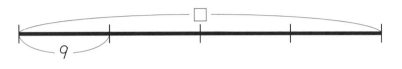

（式）

答え（　　　　　）

❷ 48÷□＝16の□にあてはまる数を考えます。次の図をみて式をつくり、□にあてはまる数をもとめましょう。

【全部できて9点】

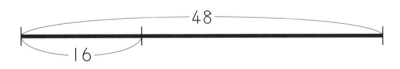

（式）

答え（　　　　　）

❸ 次の□にあてはまる数をもとめましょう。

1つ8点【32点】

(1) □÷2＝12

□＝

(2) □÷5＝11

□＝

(3) □÷9＝9

□＝

(4) □÷10＝6

□＝

❹ 次の□にあてはまる数をもとめましょう。

1つ8点【32点】

(1) 42÷□＝7

□＝

(2) 18÷□＝2

□＝

(3) 56÷□＝8

□＝

(4) 140÷□＝10

□＝

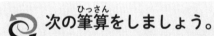 次の筆算をしましょう。

1つ6点【18点】

スパイラルコーナー

(1)
```
  5 1 4
×   7 3
```

(2)
```
  4 1 9
×   2 9
```

(3)
```
  2 9 1
×   9 3
```

80 まとめのテスト⑫

目ひょう時間 20分

学習した日　　月　　日

名前

とく点　　／100点

1380
解説→201ページ

らくらく
マルつけ

1 次の□にあてはまる数をもとめましょう。　1つ6点【12点】

(1) □＋15＝36

(2) □＋26＝48

□＝

□＝

2 次の□にあてはまる数をもとめましょう。　1つ6点【12点】

(1) □×8＝32

(2) □×9＝45

□＝

□＝

3 次の□にあてはまる数をもとめましょう。　1つ6点【24点】

(1) □－10＝11

(2) □－20＝60

□＝

□＝

(3) 52－□＝16

(4) 45－□＝35

□＝

□＝

4 次の□にあてはまる数をもとめましょう。　1つ6点【24点】

(1) □÷5＝6

(2) □÷7＝5

□＝

□＝

(3) 27÷□＝3

(4) 200÷□＝40

□＝

□＝

5 はるとさんはカードを27まい持っています。弟に何まいかあげたので、のこりは16まいになりました。このとき、次の問いに答えましょう。　1つ7点【14点】

(1) 弟にあげたカードのまい数を□として、ひき算の式に表しましょう。

（　　　　　）

(2) (1)の式の□にあてはまる数をもとめましょう。

（　　　　　）

6 あるクラスの児童が体育のじゅ業で校庭にならびました。１列に同じ人数ずつならんだところ、ちょうど5列できました。クラスの人数が40人のとき、次の問いに答えましょう。　1つ7点【14点】

(1) １列にならんだ児童の数を□として、かけ算の式に表しましょう。

（　　　　　）

(2) (1)の式の□にあてはまる数をもとめましょう。

（　　　　　）

80 まとめのテスト⑫

ひょう時間 **20分**

学習した日　　　月　　　日

名前

とく点　／100点

1380
解説→201ページ

---

❶ 次の□にあてはまる数をもとめましょう。 1つ6点【12点】

(1) □＋15＝36　　　　(2) □＋26＝48

　　□＝　　　　　　　　　　□＝

❷ 次の□にあてはまる数をもとめましょう。 1つ6点【12点】

(1) □×8＝32　　　　(2) □×9＝45

　　□＝　　　　　　　　　　□＝

❸ 次の□にあてはまる数をもとめましょう。 1つ6点【24点】

(1) □－10＝11　　　　(2) □－20＝60

　　□＝　　　　　　　　　　□＝

(3) 52－□＝16　　　　(4) 45－□＝35

　　□＝　　　　　　　　　　□＝

❹ 次の□にあてはまる数をもとめましょう。 1つ6点【24点】

(1) □÷5＝6　　　　(2) □÷7＝5

　　□＝　　　　　　　　　　□＝

(3) 27÷□＝3　　　　(4) 200÷□＝40

　　□＝　　　　　　　　　　□＝

---

❺ はるとさんはカードを27まい持っています。弟に何まいかあげたので、のこりは16まいになりました。このとき、次の問いに答えましょう。 1つ7点【14点】

(1) 弟にあげたカードのまい数を□として、ひき算の式に表しましょう。

　　　　　　　　　　（　　　　　　　　）

(2) (1)の式の□にあてはまる数をもとめましょう。

　　　　　　　　　　（　　　　　　　　）

❻ あるクラスの児童が体育のじゅ業で校庭にならびました。1列に同じ人数ずつならんだところ、ちょうど5列できました。クラスの人数が40人のとき、次の問いに答えましょう。 1つ7点【14点】

(1) 1列にならんだ児童の数を□として、かけ算の式に表しましょう。

　　　　　　　　　　（　　　　　　　　）

(2) (1)の式の□にあてはまる数をもとめましょう。

　　　　　　　　　　（　　　　　　　　）

81 そうふく習＋先取り ①

目ひょう時間
20分

学習した日　　　月　　　日　　とく点

名前

／100点

1381
解説→201ページ

---

❶ 次の筆算をしましょう。　　　　　　　　　　　1つ4点【24点】

(1)
```
   9 4 4
 + 8 7 9
```

(2)
```
   6 6 0
 + 1 9 7
```

(3)
```
   9 8 6
 + 7 4 8
```

(4)
```
   7 0 9
 - 3 1 2
```

(5)
```
   8 2 7
 - 2 7 8
```

(6)
```
   7 6 5
 - 5 2 7
```

❷ 次の筆算をしましょう。　　　　　　　　　　　1つ6点【36点】

(1)
```
   3 5 8 9
 + 1 4 6 8
```

(2)
```
   5 6 6 6
 + 4 4 9 9
```

(3)
```
   2 7 3 4
 + 5 2 8 3
```

(4)
```
   8 9 0 4
 - 1 5 3 7
```

(5)
```
   4 7 0 4
 - 3 4 9 2
```

(6)
```
   5 3 2 2
 - 2 5 6 7
```

❸ 次の □ にあてはまる数を書きましょう。　　　1つ4点【16点】

(1) 3時間56分 ＝ □ 分

(2) 561分 ＝ □ 時間 □ 分

(3) 2分24秒 ＝ □ 秒

(4) 311秒 ＝ □ 分 □ 秒

❹ 次の筆算をしましょう。　　　　　　　　　　　1つ6点【24点】

(1)
```
   3 8 5 6 0
 + 1 8 5 6 1
```

(2)
```
   4 5 7 3 5
 + 5 3 3 8 2
```

(3)
```
   7 7 4 8 8
 - 1 2 7 4 6
```

(4)
```
   5 0 3 1 4
 - 1 5 3 8 8
```

81 そうふく習＋先取り①

目ひょう時間
⏱ 20分

学習した日　　月　　日

名前

とく点
／100点

1381
解説→201ページ

❶ 次の筆算をしましょう。　　　　　1つ4点【24点】

(1)
```
   9 4 4
 + 8 7 9
```

(2)
```
   6 6 0
 + 1 9 7
```

(3)
```
   9 8 6
 + 7 4 8
```

(4)
```
   7 0 9
 - 3 1 2
```

(5)
```
   8 2 7
 - 2 7 8
```

(6)
```
   7 6 5
 - 5 2 7
```

❷ 次の筆算をしましょう。　　　　　1つ6点【36点】

(1)
```
   3 5 8 9
 + 1 4 6 8
```

(2)
```
   5 6 6 6
 + 4 4 9 9
```

(3)
```
   2 7 3 4
 + 5 2 8 3
```

(4)
```
   8 9 0 4
 - 1 5 3 7
```

(5)
```
   4 7 0 4
 - 3 4 9 2
```

(6)
```
   5 3 2 2
 - 2 5 6 7
```

❸ 次の□にあてはまる数を書きましょう。　　　　　1つ4点【16点】

(1) 3時間56分＝□分

(2) 561分＝□時間□分

(3) 2分24秒＝□秒

(4) 311秒＝□分□秒

❹ 次の筆算をしましょう。　　　　　1つ6点【24点】

(1)
```
   3 8 5 6 0
 + 1 8 5 6 1
```

(2)
```
   4 5 7 3 5
 + 5 3 3 8 2
```

(3)
```
   7 7 4 8 8
 - 1 2 7 4 6
```

(4)
```
   5 0 3 1 4
 - 1 5 3 8 8
```

目ひょう時間
🕐 **20**分

🖉 学習した日　　　月　　　日

名前

とく点
／100点

1382
解説→201ページ

❶ 次の筆算をしましょう。　　　1つ5点【15点】

(1)
```
    8 1
×   8 3
```

(2)
```
    5 5
×   1 5
```

(3)
```
    6 4
×   8 3
```

❷ 次の筆算をしましょう。　　　1つ6点【36点】

(1)
```
    4 3 5
×     6 4
```

(2)
```
    8 8 9
×     3 3
```

(3)
```
    7 7 2
×     2 5
```

(4)
```
    2 8 6
×     7 3
```

(5)
```
    9 3 8
×     3 7
```

(6)
```
    6 7 7
×     8 4
```

❸ 次の ☐ にあてはまる数を書きましょう。　　　1つ5点【25点】

(1) 8km400m＋2km400m＝ ☐ km ☐ m

(2) 6km300m－5km600m＝ ☐ m

(3) 4km500m＋7km600m＝ ☐ km ☐ m

(4) 8km300m－1km900m＝ ☐ km ☐ m

(5) 9m700m＋2km500m＝ ☐ km ☐ m

❹ 次の筆算をしましょう。　　　1つ6点【24点】

(1)
```
    6 3 5 6
×         4
```

(2)
```
    1 6 3 8
×         9
```

(3)
```
    1 2 7 4
×         8
```

(4)
```
    4 5 5 4
×         7
```

82 そうふく習＋先取り ②

✎ 学習した日	月	日	とく点
名前			／100点

1382
解説→201ページ

❶ 次の筆算をしましょう。　　　1つ5点【15点】

(1)
```
   8 1
×  8 3
```

(2)
```
   5 5
×  1 5
```

(3)
```
   6 4
×  8 3
```

❷ 次の筆算をしましょう。　　　1つ6点【36点】

(1)
```
   4 3 5
×    6 4
```

(2)
```
   8 8 9
×    3 3
```

(3)
```
   7 7 2
×    2 5
```

(4)
```
   2 8 6
×    7 3
```

(5)
```
   9 3 8
×    3 7
```

(6)
```
   6 7 7
×    8 4
```

❸ 次の □ にあてはまる数を書きましょう。　　　1つ5点【25点】

(1) $8km400m + 2km400m = \boxed{}km\boxed{}m$

(2) $6km300m - 5km600m = \boxed{}m$

(3) $4km500m + 7km600m = \boxed{}km\boxed{}m$

(4) $8km300m - 1km900m = \boxed{}km\boxed{}m$

(5) $9m700m + 2km500m = \boxed{}km\boxed{}m$

❹ 次の筆算をしましょう。　　　1つ6点【24点】

(1)
```
   6 3 5 6
×        4
```

(2)
```
   1 6 3 8
×        9
```

(3)
```
   1 2 7 4
×        8
```

(4)
```
   4 5 5 4
×        7
```

目ひょう時間
20分

学習した日　　　月　　　日

とく点

名前

／100点

1383
解説→202ページ

---

❶ 次の筆算をしましょう。　　　　　　　1つ4点【24点】

(1)
```
  4 0.4
+ 2 8.1
```

(2)
```
  7 5.9
+ 5 7.3
```

(3)
```
  3 7.3
+ 4 6.7
```

(4)
```
  4 3.8
− 1 7.7
```

(5)
```
  7 3.5
− 4 9.7
```

(6)
```
  5 2.7
− 2 3.7
```

❷ 次の計算をしましょう。　　　　　　1つ3点【24点】

(1) $\dfrac{5}{8} + \dfrac{2}{8} =$

(2) $\dfrac{3}{9} - \dfrac{1}{9} =$

(3) $\dfrac{1}{6} + \dfrac{4}{6} =$

(4) $\dfrac{5}{7} - \dfrac{3}{7} =$

(5) $\dfrac{3}{7} + \dfrac{3}{7} =$

(6) $\dfrac{6}{8} - \dfrac{2}{8} =$

(7) $\dfrac{3}{9} + \dfrac{5}{9} =$

(8) $\dfrac{4}{7} - \dfrac{2}{7} =$

---

❸ 次の◻︎にあてはまる数を書きましょう。　　1つ7点【28点】

(1) 7kg300g+5kg300g=◻︎kg◻︎g

(2) 7kg100g−5kg500g=◻︎kg◻︎g

(3) 6t300kg+4t700kg=◻︎t

(4) 7t200kg−4t900kg=◻︎t◻︎kg

❹ 分子が分母より大きい分数を $\dfrac{7}{5}$ のように表します。次の計算をしましょう。　　1つ4点【24点】

(1) $\dfrac{2}{3} + \dfrac{2}{3} =$

(2) $\dfrac{8}{6} - \dfrac{5}{6} =$

(3) $\dfrac{4}{5} + \dfrac{3}{5} =$

(4) $\dfrac{14}{8} - \dfrac{7}{8} =$

(5) $\dfrac{5}{4} + \dfrac{2}{4} =$

(6) $\dfrac{15}{9} - \dfrac{5}{9} =$

83 そうふく習 + 先取り ③

目ひょう時間
⏱ 20分

学習した日　　　月　　　日

名前

とく点
／100点

1383
解説→202ページ

---

❶ 次の筆算をしましょう。 1つ4点【24点】

(1)
```
  4 0.4
+ 2 8.1
```

(2)
```
  7 5.9
+ 5 7.3
```

(3)
```
  3 7.3
+ 4 6.7
```

(4)
```
  4 3.8
- 1 7.7
```

(5)
```
  7 3.5
- 4 9.7
```

(6)
```
  5 2.7
- 2 3.7
```

❷ 次の計算をしましょう。 1つ3点【24点】

(1) $\dfrac{5}{8} + \dfrac{2}{8} =$

(2) $\dfrac{3}{9} - \dfrac{1}{9} =$

(3) $\dfrac{1}{6} + \dfrac{4}{6} =$

(4) $\dfrac{5}{7} - \dfrac{3}{7} =$

(5) $\dfrac{3}{7} + \dfrac{3}{7} =$

(6) $\dfrac{6}{8} - \dfrac{2}{8} =$

(7) $\dfrac{3}{9} + \dfrac{5}{9} =$

(8) $\dfrac{4}{7} - \dfrac{2}{7} =$

---

❸ 次の ☐ にあてはまる数を書きましょう。 1つ7点【28点】

(1) $7kg300g + 5kg300g =$ ☐ kg ☐ g

(2) $7kg100g - 5kg500g =$ ☐ kg ☐ g

(3) $6t300kg + 4t700kg =$ ☐ t

(4) $7t200kg - 4t900kg =$ ☐ t ☐ kg

❹ 分子が分母より大きい分数を $\dfrac{7}{5}$ のように表します。次の計算をしましょう。 1つ4点【24点】

(1) $\dfrac{2}{3} + \dfrac{2}{3} =$

(2) $\dfrac{8}{6} - \dfrac{5}{6} =$

(3) $\dfrac{4}{5} + \dfrac{3}{5} =$

(4) $\dfrac{14}{8} - \dfrac{7}{8} =$

(5) $\dfrac{5}{4} + \dfrac{2}{4} =$

(6) $\dfrac{15}{9} - \dfrac{5}{9} =$

計算ギガドリル　小学 **3** 年

答え

わからなかった問題は、◁» **ポイント**の解説を
よく読んで、確認してください。

---

1 | **かけ算①** | 3ページ

❶ (1) 8　　(2) 8、小さく
　(3)（上からじゅんに）**同じ、5、40**

❷ (1) 3　　(2) 7　　(3) 8　　(4) 7
　(5) 2　　(6) 5　　(7) 4　　(8) 8
　(9) 1　　(10) 3　　(11) 5　　(12) 3

🔁 (1) 112　(2) 101　(3) 133
　(4) 408　(5) 700　(6) 231

> まちがえたら、とき直しましょう。

◁» **ポイント**
❶(1)かける数が1大きくなると、答えはかけられ
る数だけ大きくなります。
(2)かける数が1小さくなると、答えはかけられる
数だけ小さくなります。
(3)かける数とかけられる数を入れかえても答えは
同じになります。
❷(1)～(4)かける数が1大きくなると、答えはかけ
られる数だけ大きくなります。
(5)～(8)かける数が1小さくなると、答えはかけら
れる数だけ小さくなります。
(9)～(12)かける数とかけられる数を入れかえても答
えは同じになります。
🔁くり上がりに注意しましょう。

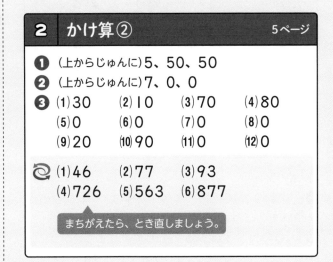

(1)　　38
　　＋74
　　──
　　112

(2)　　85
　　＋16
　　──
　　101

(3)　　45
　　＋88
　　──
　　133

(4)　347
　　＋ 61
　　──
　　408

(5)　　81
　　＋619
　　──
　　700

(6)　153
　　＋ 78
　　──
　　231

---

2 | **かけ算②** | 5ページ

❶ （上からじゅんに）5、50、50
❷ （上からじゅんに）7、0、0
❸ (1) 30　(2) 10　(3) 70　(4) 80
　(5) 0　　(6) 0　　(7) 0　　(8) 0
　(9) 20　(10) 90　(11) 0　　(12) 0

🔁 (1) 46　(2) 77　(3) 93
　(4) 726　(5) 563　(6) 877

> まちがえたら、とき直しましょう。

◁» **ポイント**
❶かける数が1大きくなると、答えはかけられる
数だけ大きくなります。また、かける数とかけら
れる数を入れかえても答えは同じになります。
❷かける数が1小さくなると、答えはかけられる
数だけ小さくなります。また、かける数とかけら
れる数を入れかえても答えは同じになります。
❸(1)10が3こなので、30です。
(2)10が1こなので、10です。
(3)10が7こなので、70です。
(4)10が8こなので、80です。
(5)～(8)どんな数に0をかけても、答えは0になり
ます。
(9)2×10＝10×2

10が2こなので、20です。
(10)9×10＝10×9
10が9こなので、90です。
(11)(12)0にどんな数をかけても、答えは0になります。
🔁くり下がりに注意しましょう。

(1)　　83
　　－37
　　──
　　46

(2)　106
　　－ 29
　　──
　　77

(3)　136
　　－ 43
　　──
　　93

(4)　755
　　－ 29
　　──
　　726

(5)　634
　　－ 71
　　──
　　563

(6)　962
　　－ 85
　　──
　　877

---

3 | **かけ算③** | 7ページ

❶ (1) 2　　(2) 2　　(3) 1　　(4) 4
❷ (1) 6　　(2) 3　　(3) 8　　(4) 1
　(5) 7　　(6) 1　　(7) 2　　(8) 6
　(9) 9　　(10) 4
❸ (1) 2　　(2) 5　　(3) 9　　(4) 5
　(5) 8　　(6) 3　　(7) 5　　(8) 4
　(9) 7　　(10) 6

🔁 (1) 77　(2) 55　(3) 53
　(4) 96　(5) 95　(6) 76

> まちがえたら、とき直しましょう。

◁» **ポイント**
❶～❸□に数をあてはめて、答えが同じになるも
のを見つけましょう。
🔁(1)～(3)の問題は、（　）を先に計算しましょう。
(1)(46＋4)＋27＝50＋27＝77
(2)15＋(8＋32)＝15＋40＝55
(3)23＋(17＋13)＝23＋30＝53
(4)～(6)一の位が0になる計算を先にしましょう。

(4) $44+16+36=(44+16)+36$
$=60+36=96$
(5) $63+27+5=(63+27)+5$
$=90+5=95$
(6) $56+7+13=56+(7+13)$
$=56+20=76$

4 かけ算④　　　　9ページ

❶ (1) 2　(2) 4　(3) 3　(4) 5
(5) 2　(6) 1　(7) 6　(8) 7
(9) 8　(10) 9　(11) 7　(12) 5
(13) 4　(14) 6　(15) 1　(16) 4
(17) 9　(18) 6　(19) 5　(20) 8
(21) 6　(22) 2

❷ (1) 10　(2) 0　(3) 10　(4) 0
(5) 4　(6) 0　(7) 3　(8) 0
(9) 7　(10) 0　(11) 9　(12) 0

🌀 (1) 5L　　　(2) 2L1dL
(3) 7cm8mm　(4) 1m20cm

まちがえたら、とき直しましょう。

◁) **ポイント**

❶❷ □に数をあてはめて、答えが同じになるもの
を見つけましょう。

🌀 同じたんいどうしを計算しましょう。
(1) 6dL＋4dL＝10dL＝1Lなので、
4L6dL＋4dL＝4L10dL＝5L
(2) 8L4dL－6L3dL＝2L1dL
(3) 3cm6mm＋4cm2mm＝7cm8mm
(4) 2m70cm－1m50cm＝1m20cm

5 かけ算⑤　　　　11ページ

❶ (1) 6　(2) 9　(3) 0　(4) 8
(5) 6　(6) 8　(7) 4　(8) 10
(9) 9　(10) 3　(11) 5　(12) 9
(13) 0　(14) 2　(15) 5　(16) 7
(17) 0　(18) 1　(19) 9　(20) 10
(21) 1　(22) 7　(23) 0　(24) 8
(25) 2　(26) 4　(27) 7　(28) 2
(29) 7　(30) 10　(31) 8　(32) 6

🌀 (1) 1100　(2) 1200　(3) 1600
(4) 500　(5) 100　(6) 300

まちがえたら、とき直しましょう。

◁) **ポイント**

❶ □に数をあてはめて、答えが同じになるものを
見つけましょう。

🌀 100の何こ分になるかを考えましょう。
(1) 6＋5＝11なので、100の11こ分です。
(2) 4＋8＝12なので、100の12こ分です。
(3) 7＋9＝16なので、100の16こ分です。
(4) 9－4＝5なので、100の5こ分です。
(5) 7－6＝1なので、100の1こ分です。
(6) 5－2＝3なので、100の3こ分です。

6 まとめのテスト❶　　　　13ページ

❶ (1) 3　(2) 7　(3) 8　(4) 5
(5) 4　(6) 8　(7) 1　(8) 3

❷ (1) 30　(2) 60　(3) 10　(4) 50
(5) 20　(6) 40　(7) 0　(8) 0
(9) 0　(10) 0　(11) 0　(12) 0

❸ (1) 1　(2) 5　(3) 7　(4) 0
(5) 6　(6) 8　(7) 9　(8) 10
(9) 3　(10) 7　(11) 8　(12) 0
(13) 6　(14) 3　(15) 2　(16) 0
(17) 7　(18) 1　(19) 9　(20) 8
(21) 8　(22) 4

◁) **ポイント**

❶ (1)～(3) かける数が1大きくなると、答えはかけ
られる数だけ大きくなります。
(4)～(6) かける数が1小さくなると、答えはかけら
れる数だけ小さくなります。
(7)(8) かける数とかけられる数を入れかえても答え
は同じになります。

❷ 10の何こ分になるかを考えましょう。
(1) 3×10＝10×3なので10の3こ分です。
(2) 6×10＝10×6なので、10の6こ分です。
(3) 10の1こ分です。
(4) 10の5こ分です。
(5) 10の2こ分です。
(6) 10の4こ分です。
(7)～(9) どんな数に0をかけても、答えは0になり
ます。
(10)～(12) 0にどんな数をかけても、答えは0になり
ます。

❸ □に数をあてはめて、答えが同じになるものを
見つけましょう。

❶ (1)

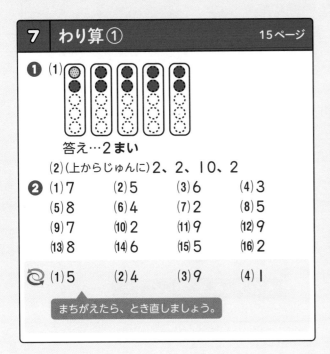

答え…2まい
(2)(上からじゅんに)2、2、10、2

❷ (1)7 (2)5 (3)6 (4)3
(5)8 (6)4 (7)2 (8)5
(9)7 (10)2 (11)9 (12)9
(13)8 (14)6 (15)5 (16)2

🔄 (1)5 (2)4 (3)9 (4)1

まちがえたら、とき直しましょう。

🔊 **ポイント**
❶(1)1人分の数を 🔵 に色をぬってもとめます。色をぬるときは、実さいに5人に分けるところをイメージして、1つずつ上からぬるようにします。5人にちょうど2まいずつ分けたところでビスケットがなくなるので、1人分は2まいとなります。
❷○÷△の答えは、△×□＝○の□になります。たとえば、(4)9÷3の答えは、3×□＝9の□なので、3となります。
🔄(1)(3)かける数が1大きくなると、答えはかけられる数だけ大きくなります。
(2)かける数が1小さくなると、答えはかけられる数だけ小さくなります。
(4)かける数とかけられる数を入れかえても答えは同じになります。

❶ (1)4 (2)3 (3)6 (4)9
(5)2 (6)5 (7)9 (8)1
(9)3 (10)3 (11)2 (12)8
(13)8 (14)1 (15)5 (16)4
(17)6 (18)7 (19)1 (20)7
(21)5 (22)2 (23)8 (24)4
(25)3 (26)9 (27)1 (28)9
(29)2 (30)5 (31)2 (32)8
(33)3 (34)6 (35)4

🔄 (1)7 (2)5 (3)4
(4)6 (5)4 (6)4

まちがえたら、とき直しましょう。

🔊 **ポイント**
❶○÷△の答えは、△×□＝○の□になります。たとえば、(5)6÷3の答えは、3×□＝6の□なので、2となります。
🔄(1)(2)かける数が1大きくなると、答えはかけられる数だけ大きくなります。
(3)(4)かける数が1小さくなると、答えはかけられる数だけ小さくなります。
(5)(6)かける数とかけられる数を入れかえても答えは同じになります。

❶ (1)7 (2)2 (3)4 (4)6
(5)8 (6)1 (7)3 (8)5
(9)9 (10)5 (11)7 (12)3
(13)9 (14)2 (15)4 (16)1
(17)6 (18)8 (19)2 (20)4
(21)1 (22)7

❷ 式…32÷4＝8 答え…8人
❸ 式…15÷5＝3 答え…3人

🔄 (1)4 (2)2 (3)3
(4)3 (5)7 (6)6

まちがえたら、とき直しましょう。

🔊 **ポイント**
❶○÷△の答えは、△×□＝○の□になります。たとえば、(1)21÷3の答えは、3×□＝21の□なので、7となります。
❷32を4つに分けるので、式は32÷4になります。
❸15を5つずつに分けるので、式は15÷5になります。
🔄(1)(2)かける数が1大きくなると、答えはかけられる数だけ大きくなります。
(3)(4)かける数が1小さくなると、答えはかけられる数だけ小さくなります。
(5)(6)かける数とかけられる数を入れかえても答えは同じになります。

10 わり算④　21ページ

❶
(1)4	(2)2	(3)3	(4)1
(5)9	(6)5	(7)6	(8)8
(9)7	(10)2	(11)7	(12)5
(13)3	(14)4	(15)8	(16)1
(17)9	(18)5	(19)6	(20)9
(21)4	(22)2	(23)8	(24)1
(25)3	(26)6	(27)5	(28)9
(29)8	(30)2	(31)7	(32)1
(33)6	(34)4	(35)3	

🔄
(1)7	(2)9	(3)6
(4)7	(5)3	(6)4

まちがえたら、とき直しましょう。

🔊 **ポイント**

❶○÷△の答えは、△×□＝○の□になります。たとえば、(5)63÷7の答えは、7×□＝63の□なので、9となります。

🔄(1)(4)かける数が1小さくなると、答えはかけられる数だけ小さくなります。

(3)(6)かける数が1大きくなると、答えはかけられる数だけ大きくなります。

(2)(5)かける数とかけられる数を入れかえても答えは同じになります。

11 わり算⑤　23ページ

❶
(1)5	(2)2	(3)3	(4)7
(5)9	(6)6	(7)1	(8)4
(9)8	(10)2	(11)4	(12)6
(13)3	(14)9	(15)7	(16)1
(17)5	(18)8	(19)3	(20)8
(21)4	(22)5	(23)1	(24)6
(25)2	(26)7	(27)5	(28)9
(29)2	(30)4	(31)7	(32)1
(33)3	(34)8	(35)9	

🔄
(1)3	(2)7	(3)5
(4)6	(5)8	(6)2

まちがえたら、とき直しましょう。

🔊 **ポイント**

❶○÷△の答えは、△×□＝○の□になります。たとえば、(5)72÷8の答えは、8×□＝72の□なので、9となります。

🔄(1)(2)かける数が1大きくなると、答えはかけられる数だけ大きくなります。

(3)(4)かける数が1小さくなると、答えはかけられる数だけ小さくなります。

(5)(6)かける数とかけられる数を入れかえても答えは同じになります。

12 わり算⑥　25ページ

❶
(1)7	(2)3	(3)5	(4)6
(5)2	(6)8	(7)4	(8)9
(9)1	(10)4	(11)7	(12)2
(13)8	(14)4	(15)5	(16)3
(17)1	(18)6	(19)9	(20)3
(21)6	(22)9		

❷ 式…48÷8＝6　答え…6人

❸ 式…49÷7＝7　答え…7本

🔄
(1)40	(2)60	(3)20
(4)0	(5)0	(6)0

まちがえたら、とき直しましょう。

🔊 **ポイント**

❶○÷△の答えは、△×□＝○の□になります。たとえば、(1)42÷6の答えは、6×□＝42の□なので、7となります。

❷48を8つずつに分けるので、式は48÷8になります。

❸49を7つずつに分けるので、式は49÷7になります。

🔄(1)(2)(3)10の何こ分になるかを考えましょう。

(1)4×10＝10×4なので10の4こ分です。

(2)6×10＝10×6なので、10の6こ分です。

(3)2×10＝10×2なので10の2こ分です。

(4)(5)(6)どんな数に0をかけても、答えは0になります。

① (1)式…18÷6＝3　答え…3こ
　　(2)式…0÷6＝0　答え…0こ
② 式…6÷1＝6　答え…6人
③ (1)0　　(2)0　　(3)3　　(4)7
④ (1)9　　(2)3　　(3)4　　(4)9
　　(5)6　　(6)7　　(7)0　　(8)1
　　(9)4　　(10)5　　(11)6　　(12)4

🔁 (1)20　　(2)70　　(3)0　　(4)0

> まちがえたら、とき直しましょう。

🔊 **ポイント**
①(1)18を6つに分けるので、式は18÷6になります。
(2)0を6つに分けるので、式は0÷6になります。
②6を1つずつに分けるので、式は6÷1になります。
③④0を、0でないどんな数でわっても、答えは0になります。
🔁(1)(2)10の何こ分になるかを考えましょう。
(1)2×10＝10×2なので10の2こ分です。
(2)10の7こ分です。
(3)どんな数に0をかけても、答えは0になります。
(4)0にどんな数をかけても、答えは0になります。

① (上からじゅんに)2、20
② (上からじゅんに)2、1、21
③ (1)10　　(2)10　　(3)10　　(4)30
　　(5)10　　(6)20
④ (1)12　　(2)11　　(3)32　　(4)31
　　(5)21　　(6)12　　(7)12　　(8)18

🔁 (1)5　　(2)10　　(3)10　　(4)9

> まちがえたら、とき直しましょう。

🔊 **ポイント**
③(4)10をもとに考えます。6÷2＝3だから、10が3こで30です。
④答えが九九の中にない場合は、一度かけ算の式に表して考えてみましょう。たとえば(1)では、2×□＝24の□になります。
🔁(1)(2)かける数が1大きくなると、答えはかけられる数だけ大きくなります。
(3)かける数が1小さくなると、答えはかけられる数だけ小さくなります。
(4)かける数とかけられる数を入れかえても答えは同じになります。

① (1)4　　(2)7　　(3)5　　(4)5
　　(5)9　　(6)6　　(7)9　　(8)9
　　(9)7　　(10)9　　(11)3　　(12)4
② (1)11　　(2)10　　(3)0　　(4)1
　　(5)11　　(6)12　　(7)0　　(8)13
③ 式…64÷8＝8　答え…8dL
④ 式…80÷4＝20　答え…20円
⑤ 式…48÷3＝16　答え…16きゃく

🔊 **ポイント**
①○÷△の答えは、△×□＝○の□になります。たとえば、(1)16÷4の答えは、4×□＝16の□なので、4となります。
②(1)(5)(6)(8)のように答えが九九の中にない場合は、一度かけ算の式に表して考えてみましょう。
(2)10をもとに考えます。5÷5＝1だから、10が1こで10です。
(3)(7)0を、0でないどんな数でわっても、答えは0になります。
③64を8つに分けるので式は64÷8になります。
④80を4つに分けるので、式は80÷4になります。
⑤48を3つずつに分けるので、式は48÷3になります。

16 まとめのテスト❸ 33ページ

❶ (1) 7　(2) 7　(3) 9　(4) 4
　(5) 9　(6) 5　(7) 7　(8) 6
　(9) 5　(10) 7　(11) 6　(12) 3
❷ (1) 0　(2) 22　(3) 10　(4) 14
　(5) 1　(6) 10　(7) 31　(8) 0
❸ 式…32÷4＝8　答え…8こ
❹ 式…60÷3＝20　答え…20まい
❺ 式…44÷4＝11　答え…11ぴき

🔊 ポイント

❶○÷△の答えは、△×□＝○の□になります。
たとえば、(1) 14÷2の答えは、2×□＝14の□
なので、7となります。
❷(1)(8) 0を、0でないどんな数でわっても、答え
は0になります。
(2)(4)(7)のように答えが九九の中にない場合は、一
度かけ算の式に表して考えてみましょう。
(3)(6) 10をもとに考えます。たとえば、(3)は
4÷4＝1だから、10が1こで10です。
❸32を4つに分けるので式は32÷4になります。
❹60を3つに分けるので、式は60÷3になります。
❺44を4つに分けるので、式は44÷4になります。

17 たし算の筆算① 35ページ

❶ (1) 57　(2) 88　(3) 95　(4) 69
❷ (1) 586　(2) 493　(3) 949　(4) 785
　(5) 686　(6) 887　(7) 955　(8) 969
　(9) 859　(10) 456　(11) 658　(12) 894
　(13) 799　(14) 979　(15) 738　(16) 867
　(17) 743　(18) 678　(19) 895　(20) 684
　(21) 697

🔄 (1) 8　(2) 6　(3) 4　(4) 3
　(5) 7　(6) 7　(7) 8

> まちがえたら、とき直しましょう。

🔊 ポイント

❶(1)
```
  26
＋31
  57
```
(2)
```
  72
＋16
  88
```
(3)
```
  55
＋40
  95
```
(4)
```
   7
＋62
  69
```

❷けた数がふえても、2けたのときと同じように計
算できます。

(1)
```
  371
＋215
  586
```
(2)
```
  162
＋331
  493
```
(3)
```
  712
＋237
  949
```

(4)
```
  681
＋104
  785
```
(5)
```
  472
＋214
  686
```
(6)
```
  284
＋603
  887
```

(7)
```
  543
＋412
  955
```
(8)
```
  835
＋134
  969
```
(9)
```
  149
＋710
  859
```

(10)
```
  310
＋146
  456
```
(11)
```
  413
＋245
  658
```
(12)
```
  594
＋300
  894
```

(13)
```
  332
＋467
  799
```
(14)
```
  674
＋305
  979
```
(15)
```
  235
＋503
  738
```

(16)
```
  526
＋341
  867
```
(17)
```
  201
＋542
  743
```
(18)
```
  537
＋141
  678
```

(19)
```
  180
＋715
  895
```
(20)
```
  253
＋431
  684
```
(21)
```
  494
＋203
  697
```

🔄○÷△の答えは、△×□＝○の□になります。
たとえば、(1) 16÷2の答えは、2×□＝16の□
なので、8となります。

18 たし算の筆算② 37ページ

❶ (1) 41　(2) 52　(3) 83　(4) 128
❷ (1) 593　(2) 480　(3) 786　(4) 865
　(5) 882　(6) 671　(7) 925　(8) 638
　(9) 707　(10) 919　(11) 923　(12) 827
❸ (1) 721　(2) 802　(3) 664　(4) 825
　(5) 832　(6) 675　(7) 622　(8) 720
　(9) 642

🔄 (1) 3　(2) 8　(3) 6
　(4) 5　(5) 2　(6) 3

> まちがえたら、とき直しましょう。

🔊 ポイント

❶くり上がりに注意しましょう。

(1)
```
  18
＋23
  41
```
(2)
```
   9
＋43
  52
```
(3)
```
  64
＋19
  83
```
(4)
```
  58
＋70
 128
```

❷

(1) 269
  +324
  ───
  593

(2) 335
  +145
  ───
  480

(3) 179
  +607
  ───
  786

(4) 726
  +139
  ───
  865

(5) 508
  +374
  ───
  882

(6) 453
  +218
  ───
  671

(7) 642
  +283
  ───
  925

(8) 296
  +342
  ───
  638

(9) 134
  +573
  ───
  707

(10) 751
  +168
  ───
  919

(11) 473
  +450
  ───
  923

(12) 596
  +231
  ───
  827

❸ くり上がりが2回あるたし算です。2回目も同じように計算することをわすれないようにしましょう。

(1) 458
  +263
  ───
  721

(2) 374
  +428
  ───
  802

(3) 185
  +479
  ───
  664

(4) 367
  +458
  ───
  825

(5) 278
  +554
  ───
  832

(6) 196
  +479
  ───
  675

(7) 483
  +139
  ───
  622

(8) 237
  +483
  ───
  720

(9) 259
  +383
  ───
  642

🔁 ○÷△の答えは、△×□＝○の□になります。たとえば、(1)15÷5の答えは、5×□＝15の□なので、3となります。

19 ひき算の筆算① 39ページ

❶ (1)25 (2)54 (3)122 (4)441

❷ (1)535 (2)111 (3)422 (4)413
(5)212 (6)831 (7)103 (8)315
(9)226 (10)424 (11)322 (12)131
(13)226 (14)512 (15)724 (16)264
(17)220 (18)321 (19)112 (20)103
(21)801

🔁 (1)2 (2)8 (3)1 (4)4
(5)3 (6)3 (7)8

まちがえたら、とき直しましょう。

📢 ポイント

❶ (1) 48
  −23
  ──
  25

(2) 85
  −31
  ──
  54

(3) 162
  − 40
  ───
  122

(4) 497
  − 56
  ───
  441

❷ けた数がふえても、2けたのときと同じように計算できます。

(1) 876
  −341
  ───
  535

(2) 586
  −475
  ───
  111

(3) 678
  −256
  ───
  422

(4) 694
  −281
  ───
  413

(5) 594
  −382
  ───
  212

(6) 946
  −115
  ───
  831

(7) 745
  −642
  ───
  103

(8) 438
  −123
  ───
  315

(9) 878
  −652
  ───
  226

(10) 859
  −435
  ───
  424

(11) 568
  −246
  ───
  322

(12) 632
  −501
  ───
  131

(13) 367
  −141
  ───
  226

(14) 914
  −402
  ───
  512

(15) 859
  −135
  ───
  724

(16) 487
  −223
  ───
  264

(17) 521
  −301
  ───
  220

(18) 772
  −451
  ───
  321

(19) 262
  −150
  ───
  112

(20) 355
  −252
  ───
  103

(21) 962
  −161
  ───
  801

🔁 ○÷△の答えは、△×□＝○の□になります。たとえば、(1)16÷8の答えは、8×□＝16の□なので、2となります。

20 ひき算の筆算② 41ページ

❶ (1)29 (2)17 (3)104 (4)57

❷ (1)234 (2)509 (3)528 (4)706
(5)549 (6)527 (7)362 (8)333
(9)653 (10)493 (11)691 (12)451

❸ (1)186 (2)538 (3)467 (4)349
(5)477 (6)492 (7)549 (8)269
(9)557

🔁 (1)8 (2)6 (3)4
(4)1 (5)2 (6)8

まちがえたら、とき直しましょう。

📢 ポイント

❶ くり下がりに注意しましょう。

175

❷
(1) 5⁸92 −358 = 234　(2) 856 −347 = 509　(3) 74³3 −215 = 528

(4) 98⁷5 −279 = 706　(5) 684 −135 = 549　(6) 95⁴4 −427 = 527

(7) 5²9 −167 = 362　(8) 8²8 −495 = 333　(9) 9⁸46 −293 = 653

(10) 8⁷58 −365 = 493　(11) 9³7 −246 = 691　(12) 7³8 −287 = 451

❸ くり下がりが2回あるひき算です。2回目も同じように計算することをわすれないようにしましょう。

(1) 4³²3 −237 = 186　(2) 8⁷²5 −297 = 538　(3) 9³⁴4 −467 = 467

(4) 5⁴³2 −193 = 349　(5) 6²³3 −146 = 477　(6) 7⁶⁵1 −269 = 492

(7) 8⁷³6 −297 = 549　(8) 7⁶⁵2 −493 = 269　(9) 9⁸²5 −368 = 557

♻ ○÷△の答えは、△×□＝○の□になります。
たとえば、(1)64÷8の答えは、8×□＝64の□なので、8となります。

---

21 大きい数のたし算の筆算　43ページ

❶ (1)9896 (2)4578 (3)9996 (4)8636
(5)5978 (6)9898 (7)5989 (8)7778
(9)7368 (10)5649 (11)5399 (12)7988

❷ (1)9361 (2)8319 (3)7567 (4)9910
(5)8776 (6)7651 (7)9802 (8)7735
(9)6165 (10)9418 (11)9262 (12)8003
(13)6930 (14)7824 (15)6005

♻ (1)3　(2)10　(3)0　(4)22

> まちがえたら、とき直しましょう。

◁» **ポイント**

❶ けた数がふえても、2けたや3けたのときと同じように計算できます。

(4) 6614 +2022 = 8636　(5) 2758 +3220 = 5978　(6) 4097 +5801 = 9898

(10) 3542 +2107 = 5649　(11) 2365 +3034 = 5399　(12) 5887 +2101 = 7988

❷ くり上がりに注意しましょう。

(1) 7963 +1398 = 9361　(2) 4901 +3418 = 8319　(3) 5729 +1838 = 7567

(4) 8727 +1183 = 9910　(5) 3289 +5487 = 8776　(6) 6165 +1486 = 7651

(7) 4267 +5535 = 9802　(8) 6429 +1306 = 7735　(9) 3848 +2317 = 6165

---

(10) 2621 +6797 = 9418　(11) 7534 +1728 = 9262　(12) 4028 +3975 = 8003

(13) 5439 +1491 = 6930　(14) 4515 +3309 = 7824　(15) 3978 +2027 = 6005

♻ (2) 10をもとに考えます。2÷2＝1なので、10が1こで10が答えです。

(3) 0を、0でないどんな数でわっても、答えは0になります。

(4) 44を、40と4に分けて考えます。それぞれを2でわった答えは20と2なので、20＋2＝22が答えです。

22 大きい数のひき算の筆算　45ページ

❶ (1)1532 (2)3142 (3)4233 (4)1835
(5)2043 (6)3361 (7)1241 (8)3727
(9)3164 (10)1123 (11)3011 (12)2233

❷ (1)6257 (2)3913 (3)2647 (4)4023
(5)2268 (6)5154 (7)2561 (8)5415
(9)6099 (10)1126 (11)3383 (12)2808
(13)3487 (14)1922 (15)4404

♻ (1)10　(2)0　(3)11　(4)13

> まちがえたら、とき直しましょう。

◁» **ポイント**

❶ (4) 9897 −8062 = 1835　(5) 9284 −7241 = 2043　(6) 7592 −4231 = 3361

(10) 9687 −8564 = 1123　(11) 7183 −4172 = 3011　(12) 9439 −7206 = 2233

❷ くり下がりに注意しましょう。

(1)
```
  9473
- 3216
──────
  6257
```
(2)
```
  8034
- 4121
──────
  3913
```
(3)
```
  9134
- 6487
──────
  2647
```
(4)
```
  9210
- 5187
──────
  4023
```
(5)
```
  9852
- 7584
──────
  2268
```
(6)
```
  7845
- 2691
──────
  5154
```
(7)
```
  9513
- 6952
──────
  2561
```
(8)
```
  8942
- 3527
──────
  5415
```
(9)
```
  9067
- 2968
──────
  6099
```
(10)
```
  8542
- 7416
──────
  1126
```
(11)
```
  9741
- 6358
──────
  3383
```
(12)
```
  8729
- 5921
──────
  2808
```
(13)
```
  9324
- 5837
──────
  3487
```
(14)
```
  8156
- 6234
──────
  1922
```
(15)
```
  9265
- 4861
──────
  4404
```

🌀 (3)77 を、70 と 7 に分けて考えます。それぞれを 7 でわった答えは 10 と 1 なので、10＋1＝11 が答えです。

23　まとめのテスト❹　47ページ

❶ (1)967　(2)785　(3)798　(4)936
　(5)831　(6)850　(7)322　(8)370
　(9)533　(10)433　(11)129　(12)97

❷ (1)9856　(2)5499　(3)6588　(4)4922
　(5)9019　(6)8631　(7)1252　(8)1431
　(9)4540　(10)3086　(11)3932　(12)2367

❸ (1)式…3587＋1729＝5316
　　答え…5316円
　(2)式…3587－1729＝1858
　　答え…1858円

🔊 **ポイント**

❶(4)
```
   742
+ 194
──────
   936
```
(5)
```
   264
+ 567
──────
   831
```
(6)
```
   572
+ 278
──────
   850
```
(10)
```
   715
- 282
──────
   433
```
(11)
```
   356
- 227
──────
   129
```
(12)
```
   272
- 175
──────
    97
```
❷(4)
```
  3786
+ 1136
──────
  4922
```
(5)
```
  7869
+ 1150
──────
  9019
```
(6)
```
  5693
+ 2938
──────
  8631
```
(10)
```
  5457
- 2371
──────
  3086
```
(11)
```
  8104
- 4172
──────
  3932
```
(12)
```
  5012
- 2645
──────
  2367
```
❸(1)
```
  3587
+ 1729
──────
  5316
```
(2)
```
  3587
- 1729
──────
  1858
```

24　パズル①　49ページ

❶ (1) 1 → 9 → 36 → 6　(2) 2 → 10 → 30 → 6
　(3) 3 → 24 → 20 → 80　(4) 4 → 28 → 40 → 20
　(5) 5 → 30 → 3 → 21　(6) 6 → 6 → 54 → 27
　(7) 7 → 28 → 24 → 4　(8) 8 → 16 → 40 → 5

❷ (1)
```
  1476
+ 3121
──────
  4597
```
(2)
```
  4189
+ 2210
──────
  6399
```
(3)
```
  5479
- 3256
──────
  2223
```
(4)
```
  4691
- 2351
──────
  2340
```
(5)
```
  4293
+ 4085
──────
  8378
```
(6)
```
  4293
- 1804
──────
  2489
```

🔊 **ポイント**

❷くり上がりやくり下がりに気をつけて、一の位から穴うめしていきます。

(5)一の位は、◯＋5＝8 の関係になっているので、◯は 3 となります。十の位では 9 より 7 の方が小さいので、くり上がりがおこり、9＋◯＝17 という関係になっています。そのため、◯は 8 となります。

百の位では、十の位からくり上がってきているので、1＋◯＋0＝3 という関係になっています。そのため、◯は 2 となります。

25　時こくと時間①　51ページ

❶ (1)1、30　(2)1、15　(3)180　(4)140
　(5)220　(6)3、20　(7)1、40　(8)105
　(9)3、50　(10)320

❷ (1)1時40分　(2)5時40分　(3)3時5分
　(4)2時20分　(5)4時45分

🌀 (1)456　(2)758　(3)749
　(4)732　(5)476　(6)975

まちがえたら、とき直しましょう。

🔊 **ポイント**

❶1 時間＝60 分、1 分＝60 秒です。

(6)180 分＝3 時間だから、200 分を 180 分と 20 分に分けて、3 時間 20 分です。

(7)60 秒＝1 分だから、100 秒を 60 秒と 40 秒に分けて、1 分 40 秒です。

(8)1 時間＝60 分

1 時間 45 分＝60 分＋45 分＝105 分

(9)180 秒＝3 分だから、230 秒を 180 秒と 50 秒に分けて、3 分 50 秒です。

(10)5時間20分＝300分＋20分＝320分
❷(1)10分＋30分＝40分なので、1時40分です。
(2)20分＋20分＝40分なので、5時40分です。
(3)25分－20分＝5分なので、3時5分です。
(4)35分－15分＝20分なので、2時20分です。
(5)15分＋30分＝45分なので、4時45分です。
🔁一の位からじゅんに計算しましょう。(4)～(6)は、くり上がりに注意しましょう。

(4)
```
   1
  170
 +562
 ----
  732
```
(5)
```
   1
  282
 +194
 ----
  476
```
(6)
```
  1 1
  477
 +498
 ----
  975
```

---

26 時こくと時間②　53ページ

❶ （上からじゅんに）20、20、20、25、3、25
❷ （上からじゅんに）30、10、40
❸ (1)2時25分　(2)4時20分　(3)50分
　(4)25分　　　(5)35分

🔁 (1)212　(2)425　(3)233
　(4)321　(5)107　(6)455

> まちがえたら、とき直しましょう。

◁)) ポイント
❶3時ちょうどをもとに考えます。
❷6時ちょうどをもとに考えます。
❸(1)ちょうどの時こくをもとに考えます。1時40分から2時までは20分だから、2時の25分後の時こくです。
(3)2時20分から3時ちょうどまでは40分、3時ちょうどから3時10分までは10分です。合わせて、50分です。

---

(5)4時45分から5時ちょうどまでは15分、5時ちょうどから5時20分までは20分です。合わせて、35分です。
🔁一の位からじゅんに計算しましょう。(4)～(6)は、くり下がりに注意して計算しましょう。

(4)
```
   5
  6 6 0
 -3 3 9
 ------
  3 2 1
```
(5)
```
  2 9
  3 0 2
 -1 9 5
 ------
  1 0 7
```
(6)
```
  8 0
  9 1 4
 -4 5 9
 ------
  4 5 5
```

---

27 長さ①　55ページ

❶ (1)3000　(2)2400　(3)3　　(4)4、500
　(5)4350　(6)6120　(7)7、150 (8)9、50
　(9)5650　(10)6、280
❷ (1)5、500　　　　(2)8、900
　(3)2、200　　　　(4)1、400
　(5)2、600

🔁 (1)6789　　　(2)7429　　　(3)8635
　(4)8969　　　(5)6345　　　(6)7511

> まちがえたら、とき直しましょう。

◁)) ポイント
❶(1)1km＝1000mなので、3km＝3000mです。
(3)1000m＝1kmなので、3000m＝3kmです。
(5)4km350m＝4000m＋350m＝4350m
(7)7000m＝7kmなので、7150m＝7km150mです。
(8)9000m＝9kmなので、9050m＝9km50mです。
(9)5km650m＝5000m＋650m＝5650m
(10)6000m＝6kmなので、6280m＝6km280mです。

---

❷同じたんいの数どうしを計算します。
🔁一の位からじゅんに計算しましょう。(4)～(6)は、くり上がりに注意しましょう。

(4)
```
  1
  4 5 7 0
 +4 3 9 9
 --------
  8 9 6 9
```
(5)
```
  1 1
  3 5 3 8
 +2 8 0 7
 --------
  6 3 4 5
```
(6)
```
  1 1 1
  4 8 2 7
 +2 6 8 4
 --------
  7 5 1 1
```

---

28 長さ②　57ページ

❶ （上からじゅんに）1100、6、100
❷ （上からじゅんに）1200、1200、2、400
❸ (1)6、300　　　　　(2)14、100
　(3)1、400　　　　　(4)4、600
　(5)2、800

🔁 (1)2403　　　(2)3217　　　(3)3221
　(4)5453　　　(5)4793　　　(6)1809

> まちがえたら、とき直しましょう。

◁)) ポイント
❶同じたんいの数どうしを計算します。
❷計算できるように調整してから、同じたんいの数どうしを計算します。
❸(1)2km600m＋3km700m＝5km1300m
＝6km300m
(3)3km200m－1km800m
＝2km1200m－1km800m＝1km400m
(5)12km400m－9km600m
＝11km1400m－9km600m＝2km800m
🔁くり下がりに注意しましょう。

(4)
```
  7 2
  8 3 2 5
 -2 8 7 2
 --------
  5 4 5 3
```
(5)
```
  7 3
  8 4 4 5
 -3 6 5 2
 --------
  4 7 9 3
```
(6)
```
  2 3 9
  3 4 0 7
 -1 5 9 8
 --------
  1 8 0 9
```

29 まとめのテスト⑤　59ページ

❶ (1)2時35分　(2)2時40分　(3)50分
　 (4)20分　　(5)40分
❷ (1)11、400　　　(2)8、200
　 (3)5、700　　　　(4)1、200
❸ (1)分　　(2)時間　(3)秒　　(4)秒
❹ 式…2km700m＋1km600m＝4km300m
　 答え…4km300m

🔊 ポイント
❶(1)ちょうどの時こくをもとに考えます。1時15
分から2時までは45分だから、2時の35分後の
時こくです。
(2)3時ちょうどから3時50分までは50分だから、
3時の20分前の時こくです。
(3)ちょうどの時こくをもとに考えます。4時40分
から5時ちょうどまでは20分、5時ちょうどから
5時30分までは30分です。合わせて50分です。
(4)ちょうどの時こくをもとに考えます。2時50分
から3時までは10分だから、10分と合わせて
20分です。
❷(1)6km700m＋4km700m＝10km1400m
＝11km400m
(2)2km300m＋5km900m＝7km1200m
＝8km200m
(3)8km100m−2km400m
＝7km1100m−2km400m＝5km700m
(4)7km100m−5km900m
＝6km1100m−5km900m＝1km200m
❸時計やストップウォッチを使って、1秒、1分、
1時間がどのくらいの時間かをたしかめましょう。
❹同じたんいの数どうしを計算します。
2km700m＋1km600m＝3km1300m
＝4km300m

30 あまりのあるわり算①　61ページ

❶ (上からじゅんに)10、12、5、1
❷ (上からじゅんに)9、12、3、2
❸ (1)6あまり1　　　(2)3あまり1
　 (3)4あまり1　　　(4)9あまり1
　 (5)7あまり1　　　(6)1あまり1
　 (7)8あまり1　　　(8)2あまり1
❹ (1)3あまり1　　　(2)5あまり2
　 (3)4あまり2　　　(4)8あまり1
　 (5)7あまり2　　　(6)4あまり1
　 (7)6あまり1　　　(8)1あまり2

🔁 (1)11時50分　　　(2)9時35分
　 (3)12時47分　　　(4)55分

まちがえたら、とき直しましょう。

🔊 ポイント
❶❷あまりはわる数より小さくなることに注意し
ましょう。
❸わり算のあまりは、わる数より小さくなります。
(1)2×6＝12、13−12＝1だから、
13÷2＝6あまり1です。
(2)2×3＝6、7−6＝1だから、
7÷2＝3あまり1です。
(5)2×7＝14、15−14＝1だから、
15÷2＝7あまり1です。
(6)2×1＝2、3−2＝1だから、
3÷2＝1あまり1です。
❹(1)3×3＝9、10−9＝1だから、
10÷3＝3あまり1です。
(2)3×5＝15、17−15＝2だから、
17÷3＝5あまり2です。

(5)3×7＝21、23−21＝2だから、
23÷3＝7あまり2です。
(6)3×4＝12、13−12＝1だから、
13÷3＝4あまり1です。
🔁(3)23分＋24分＝47分なので、12時47分
です。
(4)3時20分から4時ちょうどまでは40分、4時
ちょうどから4時15分までは15分です。合わせ
て55分です。

31 あまりのあるわり算②　63ページ

❶ (上からじゅんに)16、20、4、3
❷ (上からじゅんに)20、25、4、2
❸ (1)3あまり2　　　(2)9あまり3
　 (3)4あまり1　　　(4)7あまり1
　 (5)2あまり2　　　(6)8あまり3
　 (7)4あまり3　　　(8)5あまり3
❹ (1)2あまり4　　　(2)7あまり2
　 (3)9あまり3　　　(4)6あまり1
　 (5)3あまり3　　　(6)1あまり4
　 (7)5あまり2　　　(8)8あまり1

🔁 (1)3、40　(2)7、20　(3)155　　(4)252

まちがえたら、とき直しましょう。

🔊 ポイント
❶❷あまりはわる数より小さくなることに注意し
ましょう。
❸わり算のあまりは、わる数より小さくなります。
(1)4×3＝12、14−12＝2だから、
14÷4＝3あまり2です。
(2)4×9＝36、39−36＝3だから、
39÷4＝9あまり3です。

(5)$4×2=8$、$10-8=2$だから、
$10÷4=2$あまり2です。
(6)$4×8=32$、$35-32=3$だから、
$35÷4=8$あまり3です。
❹(1)$5×2=10$、$14-10=4$だから、
$14÷5=2$あまり4です。
(2)$5×7=35$、$37-35=2$だから、
$37÷5=7$あまり2です。
(5)$5×3=15$、$18-15=3$だから、
$18÷5=3$あまり3です。
(6)$5×1=5$、$9-5=4$だから、
$9÷5=1$あまり4です。
🔄(2)420分$=7$時間だから、440分を420分と
20分に分けて、7時間20分です。
(4)4時間$=240$分
4時間12分$=240$分$+12$分$=252$分

32　あまりのあるわり算③　65ページ

❶（上からじゅんに）42、48、7、3
❷（上からじゅんに）63、70、9、6
❸(1)6あまり3　　(2)7あまり1
　(3)4あまり2　　(4)8あまり5
　(5)2あまり4　　(6)3あまり1
　(7)3あまり5　　(8)9あまり5
❹(1)6あまり6　　(2)1あまり3
　(3)2あまり1　　(4)8あまり2
　(5)5あまり4　　(6)9あまり5
　(7)3あまり5　　(8)7あまり1

🔄(1)12時20分　　(2)8時55分
　(3)45分　　　　(4)35分

まちがえたら、とき直しましょう。

🔊 ポイント
❶❷あまりはわる数より小さくなることに注意し
ましょう。
❸わり算のあまりは、わる数より小さくなります。
(1)$6×6=36$、$39-36=3$だから、
$39÷6=6$あまり3です。
(2)$6×7=42$、$43-42=1$だから、
$43÷6=7$あまり1です。
(5)$6×2=12$、$16-12=4$だから、
$16÷6=2$あまり4です。
(6)$6×3=18$、$19-18=1$だから、
$19÷6=3$あまり1です。
❹(1)$7×6=42$、$48-42=6$だから、
$48÷7=6$あまり6です。
(2)$7×1=7$、$10-7=3$だから、
$10÷7=1$あまり3です。
(5)$7×5=35$、$39-35=4$だから、
$39÷7=5$あまり4です。
(6)$7×9=63$、$68-63=5$だから、
$68÷7=9$あまり5です。
🔄(1)ちょうどの時こくをもとに考えます。11時
50分から12時ちょうどまでは10分だから、12
時の20分後の時こくです。
(2)9時ちょうどから9時15分までは15分だから、
9時の5分前の時こくです。
(3)11時20分から12時ちょうどまでは40分、
12時ちょうどから12時5分までは5分です。合
わせて、45分です。
(4)3時55分から4時ちょうどまでは5分、4時
ちょうどから4時30分までは30分です。合わせ
て、35分です。

33　あまりのあるわり算④　67ページ

❶（上からじゅんに）32、40、4、5
❷（上からじゅんに）54、63、6、6
❸(1)8あまり7　　(2)4あまり2
　(3)9あまり4　　(4)1あまり5
　(5)3あまり1　　(6)6あまり3
　(7)7あまり5　　(8)8あまり4
❹(1)9あまり6　　(2)8あまり8
　(3)5あまり3　　(4)2あまり1
　(5)1あまり2　　(6)7あまり4
　(7)7あまり8　　(8)5あまり8

🔄(1)7時8分　　(2)2時47分
　(3)57分　　　(4)41分

まちがえたら、とき直しましょう。

🔊 ポイント
❶❷あまりはわる数より小さくなることに注意し
ましょう。
❸わり算のあまりは、わる数より小さくなります。
(1)$8×8=64$、$71-64=7$だから、
$71÷8=8$あまり7です。
(2)$8×4=32$、$34-32=2$だから、
$34÷8=4$あまり2です。
(5)$8×3=24$、$25-24=1$だから、
$25÷8=3$あまり1です。
(6)$8×6=48$、$51-48=3$だから、
$51÷8=6$あまり3です。
❹(1)$9×9=81$、$87-81=6$だから、
$87÷9=9$あまり6です。
(2)$9×8=72$、$80-72=8$だから、
$80÷9=8$あまり8です。

(5) $9 \times 1 = 9$、$11 - 9 = 2$だから、
$11 \div 9 = 1$あまり2です。
(6) $9 \times 7 = 63$、$67 - 63 = 4$だから、
$67 \div 9 = 7$あまり4です。
🌀(1)ちょうどの時こくをもとに考えます。6時29分から7時ちょうどまでは31分だから、7時の8分後の時こくです。
(3)5時26分から6時ちょうどまでは34分、6時ちょうどから6時23分までは23分です。合わせて、57分です。

34　あまりのあるわり算⑤　69ページ

❶ (1) 9あまり1　　(2) 5あまり2
　 (3) 3あまり3　　(4) 6あまり1
　 (5) 7あまり1　　(6) 8あまり2
　 (7) 5あまり1　　(8) 5あまり4
　 (9) 3あまり3　　(10) 8あまり2

❷ (1) 7あまり5　　(2) 4あまり7
　 (3) 8あまり3　　(4) 8あまり1
　 (5) 7あまり4　　(6) 1あまり3
　 (7) 3あまり5　　(8) 8あまり2
　 (9) 9あまり5　　(10) 9あまり3

❸ (1) 3あまり1　　(2) 5あまり2
　 (3) 9あまり5　　(4) 4あまり3
　 (5) 4あまり4　　(6) 3あまり3
　 (7) 9あまり4　　(8) 8あまり1

🌀 (1) 5、500　　(2) 5、800
　 (3) 4、500　　(4) 2、300

> まちがえたら、とき直しましょう。

📣 ポイント

❶わり算のあまりは、わる数より小さくなります。
(1) $4 \times 9 = 36$、$37 - 36 = 1$だから、
$37 \div 4 = 9$あまり1です。
(3) $5 \times 3 = 15$、$18 - 15 = 3$だから、
$18 \div 5 = 3$あまり3です。
(5) $2 \times 7 = 14$、$15 - 14 = 1$だから、
$15 \div 2 = 7$あまり1です。
(7) $3 \times 5 = 15$、$16 - 15 = 1$だから、
$16 \div 3 = 5$あまり1です。
(9) $4 \times 3 = 12$、$15 - 12 = 3$だから、
$15 \div 4 = 3$あまり3です。
(10) $3 \times 8 = 24$、$26 - 24 = 2$だから、
$26 \div 3 = 8$あまり2です。
❷(1) $6 \times 7 = 42$、$47 - 42 = 5$だから、
$47 \div 6 = 7$あまり5です。
(3) $7 \times 8 = 56$、$59 - 56 = 3$だから、
$59 \div 7 = 8$あまり3です。
(5) $7 \times 7 = 49$、$53 - 49 = 4$だから、
$53 \div 7 = 7$あまり4です。
(7) $9 \times 3 = 27$、$32 - 27 = 5$だから、
$32 \div 9 = 3$あまり5です。
(9) $7 \times 9 = 63$、$68 - 63 = 5$だから、
$68 \div 7 = 9$あまり5です。
(10) $8 \times 9 = 72$、$75 - 72 = 3$だから、
$75 \div 8 = 9$あまり3です。
❸(1) $3 \times 3 = 9$、$10 - 9 = 1$だから、
$10 \div 3 = 3$あまり1です。
(3) $8 \times 9 = 72$、$77 - 72 = 5$だから、
$77 \div 8 = 9$あまり5です。
(5) $5 \times 4 = 20$、$24 - 20 = 4$だから、
$24 \div 5 = 4$あまり4です。
(7) $9 \times 9 = 81$、$85 - 81 = 4$だから、
$85 \div 9 = 9$あまり4です。
🌀同じたんいの数どうしを計算します。

35　あまりのあるわり算⑥　71ページ

❶ 7、38

❷ (1) $8 \times 8 + 6 = 70$　　(2) $3 \times 8 + 1 = 25$
　 (3) $6 \times 6 + 2 = 38$　　(4) $9 \times 2 + 6 = 24$
　 (5) $5 \times 1 + 3 = 8$　　(6) $7 \times 9 + 4 = 67$

❸ (1) 式…$54 \div 7 = 7$あまり5　　答え…7本
　 (2) 式…$38 \div 4 = 9$あまり2　　答え…10こ

🌀 (1) 4、100　　(2) 2、900

> まちがえたら、とき直しましょう。

📣 ポイント

❶❷□÷○＝△あまり☆は、
○×△＋☆＝□でたしかめられます。
❸あまりの意味を考えます。
(1)あまりの5cmでは、7cmのリボンにはならないので、とれるのは7本です。
(2)4人ずつ9このベンチにすわると、2人あまります。2人がすわるのに、もう1このベンチが必要ですので、必要なベンチの数を$9 + 1 = 10$こともとめています。
🌀(1)1km300m＋2km800m＝3km1100m＝4km100m
(2) 5km400m－2km500m＝4km1400m－2km500m＝2km900m
たんいをmに直して計算してもよいです。
5400m－2500m＝2900m＝2km900m

181

36 まとめのテスト❻ 73ページ

❶ (1) 9あまり1 (2) 7あまり1
(3) 7あまり2 (4) 4あまり2
(5) 6あまり1 (6) 3あまり2
(7) 7あまり1 (8) 7あまり2
(9) 9あまり1 (10) 1あまり3
(11) 6あまり3 (12) 5あまり2
(13) 5あまり2 (14) 1あまり1
(15) 8あまり2 (16) 2あまり1
(17) 2あまり1 (18) 5あまり1
(19) 3あまり2 (20) 3あまり1
(21) 4あまり1 (22) 1あまり2

❷ 式…28÷5＝5あまり3
答え…5人に分けられて3こあまる

❸ 式…30÷7＝4あまり2
答え…4週間と2日

❹ 式…18÷4＝4あまり2
答え…5回

🔊 ポイント

❶(1) 3×9＝27、28－27＝1だから、
28÷3＝9あまり1です。
(3) 4×7＝28、30－28＝2だから、
30÷4＝7あまり2です。
(5) 2×6＝12、13－12＝1だから、
13÷2＝6あまり1です。
(7) 5×7＝35、36－35＝1だから、
36÷5＝7あまり1です。
(9) 2×9＝18、19－18＝1だから、
19÷2＝9あまり1です。
(11) 4×6＝24、27－24＝3だから、
27÷4＝6あまり3です。
(13) 5×5＝25、27－25＝2だから、
27÷5＝5あまり2です。
(15) 3×8＝24、26－24＝2だから、
26÷3＝8あまり2です。
(17) 5×2＝10、11－10＝1だから、
11÷5＝2あまり1です。
(19) 4×3＝12、14－12＝2だから、
14÷4＝3あまり2です。
(21) 2×4＝8、9－8＝1だから、
9÷2＝4あまり1です。

❸1週間は7日です。30日を7でわることで、
30日が何週間と何日かもとめることができます。

❹4さつずつ4回運ぶと、2さつのこります。2さ
つを運ぶのに1回かかるので、4＋1＝5ともとめ
ています。

37 まとめのテスト❼ 75ページ

❶ (1) 7あまり1 (2) 2あまり3
(3) 3あまり2 (4) 5あまり3
(5) 5あまり2 (6) 7あまり1
(7) 4あまり2 (8) 4あまり4
(9) 8あまり4 (10) 6あまり3
(11) 8あまり6 (12) 4あまり1
(13) 9あまり3 (14) 5あまり5
(15) 1あまり4 (16) 7あまり3
(17) 5あまり8 (18) 2あまり2
(19) 5あまり1 (20) 5あまり4
(21) 7あまり3 (22) 3あまり5

❷ 式…36÷5＝7あまり1
答え…1人分は7本で1本あまる

❸ 式…40÷9＝4あまり4
答え…1人分は4こで4こあまる

❹ 式…26÷3＝8あまり2
答え…8さつ

🔊 ポイント

❶(1) 6×7＝42、43－42＝1だから、
43÷6＝7あまり1です。
(3) 7×3＝21、23－21＝2だから、
23÷7＝3あまり2です。
(5) 9×5＝45、47－45＝2だから、
47÷9＝5あまり2です。
(7) 8×4＝32、34－32＝2だから、
34÷8＝4あまり2です。
(9) 9×8＝72、76－72＝4だから、
76÷9＝8あまり4です。
(11) 8×8＝64、70－64＝6だから、
70÷8＝8あまり6です。
(13) 6×9＝54、57－54＝3だから、
57÷6＝9あまり3です。
(15) 7×1＝7、11－7＝4だから、
11÷7＝1あまり4です。
(17) 9×5＝45、53－45＝8だから、
53÷9＝5あまり8です。
(19) 8×5＝40、41－40＝1だから、
41÷8＝5あまり1です。
(21) 6×7＝42、45－42＝3だから、
45÷6＝7あまり3です。

❷たとえば、35本のえんぴつを5人に分けるとき、
1人分が何本になるかの式は35÷5＝7となり、
答えは7本です。あまりがあるときも同じように、
わり算でもとめられます。

❸たとえば、36このおはじきを9人で分けるとき、
1人分が何こかをもとめる式は36÷9＝4となり、
答えは4こです。あまりがあるときも同じように、
わり算でもとめられます。

❹8さつならべると、2cmあまります。ここには
1さつもならべられません。

38 大きい数① 77ページ

❶ (1)43776　　　　(2)29751
　(3)5309000　　　(4)14090000

❷ (1)12000　　　　(2)100000
　(3)230000　　　 (4)4500000

❸ (1)7000　　　　 (2)33000
　(3)13000　　　　(4)58000
　(5)75万　(6)51万　(7)61万　(8)58万
　(9)54万　(10)17万　(11)92万　(12)18万

🔄 (1)2あまり1　　　(2)5あまり1
　(3)2あまり2　　　(4)2あまり1
　(5)5あまり2　　　(6)4あまり1
　(7)8あまり2　　　(8)9あまり1

> まちがえたら、とき直しましょう。

🔊 **ポイント**

❶(3)(4)0がある場合は注意します。

❷(1)(2)1000を10こ集めた数は10000、100こ集めた数は100000です。

❸(1)1000が、2+5=7(こ)です。

(2)1000が、35−2=33(こ)です。

(5)1万が、12+63=75(こ)です。

(6)1万が、57−6=51(こ)です。

(9)1万が、9+45=54(こ)です。

(10)1万が、34−17=17(こ)です。

🔄わり算のあまりは、わる数より小さくなります。

(1)2×2=4、5−4=1だから、2あまり1です。

(2)2×5=10、11−10=1だから、5あまり1です。

(3)3×2=6、8−6=2だから、2あまり2です。

(4)3×2=6、7−6=1だから、2あまり1です。

39 大きい数② 79ページ

❶ (1)150　(2)15　(3)420　(4)42

❷ (1)230　(2)23　(3)310　(4)31
　(5)760　(6)54　(7)1800　(8)260
　(9)6900　(10)830　(11)9900　(12)980

❸ (1)5700　　　　(2)6700
　(3)3300　　　　(4)8200
　(5)17000　　　 (6)73000
　(7)49000　　　 (8)91000
　(9)58000　　　 (10)36000
　(11)98000　　　(12)25000

🔄 (1)1あまり2　　　(2)2あまり3
　(3)2あまり2　　　(4)3あまり4
　(5)6あまり1　　　(6)4あまり1
　(7)9あまり3　　　(8)8あまり1

> まちがえたら、とき直しましょう。

🔊 **ポイント**

❶(1)(3)10倍すると位が1つずつ上がり、右に0を1こつけた数になります。

(2)(4)10でわると位が1つずつ下がり、右の0を1ことった数になります。

❷(1)(3)(5)(7)(9)(11)10倍すると位が1つずつ上がり、右に0を1こつけた数になります。

(2)(4)(6)(8)(10)(12)10でわると位が1つずつ下がり、右の0を1ことった数になります。

❸(1)～(4)100倍すると位が2つずつ上がり、右に0を2こつけた数になります。

(5)～(12)1000倍すると位が3つずつ上がり、右に0を3こつけた数になります。

🔄わり算のあまりは、わる数より小さくなります。

(1)4×1=4、6−4=2だから、1あまり2です。

(2)4×2=8、11−8=3だから、2あまり3です。

(3)5×2=10、12−10=2だから、2あまり2です。

(4)5×3=15、19−15=4だから、3あまり4です。

40 1けたの数をかけるかけ算① 81ページ

❶ (1)60　(2)600　(3)80　(4)800
　(5)90　(6)900

❷ (1)120　(2)1200　(3)200　(4)2000
　(5)420　(6)4200　(7)720　(8)7200

❸ (1)120　(2)240　(3)400　(4)120
　(5)1600　(6)2800　(7)2000　(8)2400
　(9)6300　(10)3500　(11)4800　(12)2700
　(13)1600　(14)5400　(15)3000　(16)2100

🔄 (1)3あまり2　　　(2)2あまり1
　(3)4あまり2　　　(4)3あまり4
　(5)7あまり5　　　(6)5あまり3
　(7)8あまり1　　　(8)9あまり6

> まちがえたら、とき直しましょう。

🔊 **ポイント**

❶(1)(2)2×3=6だから、20×3の答えは6の10倍、200×3の答えは6の100倍です。

(3)(4)4×2=8だから、40×2の答えは8の10倍、400×2の答えは8の100倍です。

(5)(6)3×3=9だから、30×3の答えは9の10倍、300×3の答えは9の100倍です。

❷(1)(2)2×6=12だから、20×6の答えは12の10倍、200×6の答えは12の100倍です。

(3)(4)4×5=20だから、40×5の答えは20の10倍、400×5の答えは20の100倍です。

(5)(6)6×7＝42だから、60×7の答えは42の
10倍、600×7の答えは42の100倍です。
(7)(8)8×9＝72だから、80×9の答えは72の
10倍、800×9の答えは72の100倍です。
❸(1)3×4＝12だから、30×4の答えは12の
10倍です。
(2)4×6＝24だから、40×6の答えは24の10
倍です。
(4)6×2＝12だから、60×2の答えは12の10
倍です。
(5)2×8＝16だから、200×8の答えは16の
100倍です。
(7)5×4＝20だから、500×4の答えは20の
100倍です。
(8)3×8＝24だから、300×8の答えは24の
100倍です。
(10)7×5＝35だから、700×5の答えは35の
100倍です。
(11)8×6＝48だから、800×6の答えは48の
100倍です。
(13)4×4＝16だから、400×4の答えは16の
100倍です。
(14)9×6＝54だから、900×6の答えは54の
100倍です。
(16)7×3＝21だから、700×3の答えは21の
100倍です。
♺わり算のあまりは、わる数より小さくなります。
(1)6×3＝18、20−18＝2だから、3あまり2
です。
(2)6×2＝12、13−12＝1だから、2あまり1
です。
(3)7×4＝28、30−28＝2だから、4あまり2
です。
(4)7×3＝21、25−21＝4だから、3あまり4
です。

---

41 1けたの数をかけるかけ算② 83ページ

❶(1)(上からじゅんに)40、8、48
(2)(上からじゅんに)90、6、96
❷(1)40 (2)80 (3)60 (4)93
(5)77 (6)84
❸(1)39 (2)48 (3)84 (4)88
(5)99 (6)88 (7)68 (8)69
(9)96

♺(1)2あまり7 (2)7あまり5
(3)9あまり2 (4)3あまり4
(5)4あまり1 (6)5あまり3
(7)7あまり8 (8)5あまり6

まちがえたら、とき直しましょう。

◁》ポイント

❶まず、かけられる数を2つに分けます。次に、かける数をそれぞれにかけて、さいごに数をたします。
❷一の位からじゅんに計算します。

(1) $\begin{array}{r} 20 \\ \times\ 2 \\ \hline 40 \end{array}$
(2) $\begin{array}{r} 40 \\ \times\ 2 \\ \hline 80 \end{array}$
(3) $\begin{array}{r} 20 \\ \times\ 3 \\ \hline 60 \end{array}$

(4) $\begin{array}{r} 31 \\ \times\ 3 \\ \hline 93 \end{array}$
(5) $\begin{array}{r} 11 \\ \times\ 7 \\ \hline 77 \end{array}$
(6) $\begin{array}{r} 21 \\ \times\ 4 \\ \hline 84 \end{array}$

❸一の位からじゅんに計算します。
(1) $\begin{array}{r} 13 \\ \times\ 3 \\ \hline 39 \end{array}$
(2) $\begin{array}{r} 24 \\ \times\ 2 \\ \hline 48 \end{array}$
(4) $\begin{array}{r} 44 \\ \times\ 2 \\ \hline 88 \end{array}$

(5) $\begin{array}{r} 33 \\ \times\ 3 \\ \hline 99 \end{array}$
(7) $\begin{array}{r} 34 \\ \times\ 2 \\ \hline 68 \end{array}$
(8) $\begin{array}{r} 23 \\ \times\ 3 \\ \hline 69 \end{array}$

♺わり算のあまりは、わる数より小さくなります。
(1)8×2＝16、23−16＝7だから、2あまり7
です。
(2)8×7＝56、61−56＝5だから、7あまり5
です。
(3)9×9＝81、83−81＝2だから、9あまり2
です。
(4)9×3＝27、31−27＝4だから、3あまり4
です。

42 1けたの数をかけるかけ算③ 85ページ

❶(1)90 (2)96 (3)92 (4)102
(5)104 (6)112
❷(1)288 (2)128 (3)159 (4)246
(5)328 (6)728
❸(1)258 (2)312 (3)744 (4)320
(5)385 (6)222 (7)332 (8)522
(9)144

♺(1)2あまり5 (2)3あまり2
(3)4あまり8 (4)7あまり1
(5)8あまり2 (6)6あまり6
(7)5あまり1 (8)9あまり3

まちがえたら、とき直しましょう。

◁》ポイント

❶くり上がりに気をつけましょう。
(1) $\begin{array}{r} \overset{3}{1}5 \\ \times\ 6 \\ \hline 90 \end{array}$
(2) $\begin{array}{r} \overset{1}{4}8 \\ \times\ 2 \\ \hline 96 \end{array}$
(3) $\begin{array}{r} \overset{1}{2}3 \\ \times\ 4 \\ \hline 92 \end{array}$

(4) 34 × 3 = 102
(5) 13 × 8 = 104
(6) 28 × 4 = 112

❷一の位からじゅんに計算します。

(1) 72 × 4 = 288
(2) 64 × 2 = 128
(3) 53 × 3 = 159

(4) 41 × 6 = 246
(5) 82 × 4 = 328
(6) 91 × 8 = 728

❸くり上がりに気をつけましょう。

(1) 86 × 3 = 258
(2) 78 × 4 = 312
(3) 93 × 8 = 744

(4) 64 × 5 = 320
(5) 55 × 7 = 385
(6) 37 × 6 = 222

(7) 83 × 4 = 332
(8) 58 × 9 = 522
(9) 36 × 4 = 144

♺わり算のあまりは、わる数より小さくなります。
(1)6×2=12、17−12=5だから、2あまり5です。
(3)9×4=36、44−36=8だから、4あまり8です。
(5)5×8=40、42−40=2だから、8あまり2です。
(7)2×5=10、11−10=1だから、5あまり1です。

43 1けたの数をかけるかけ算④ 87ページ

❶ (1)660 (2)884 (3)480
(4)682 (5)960 (6)882
❷ (1)428 (2)808 (3)639
(4)909 (5)844 (6)808
❸ (1)868 (2)669 (3)696
(4)996 (5)864 (6)888
(7)399 (8)484 (9)888

♺ (1)7あまり1 (2)8あまり4
(3)3あまり2 (4)6あまり1
(5)4あまり5 (6)2あまり2
(7)9あまり3 (8)5あまり8

まちがえたら、とき直しましょう。

◁》ポイント
❶一の位からじゅんに計算します。
(2) 221 × 4 = 884
(4) 341 × 2 = 682
(6) 441 × 2 = 882

❷一の位からじゅんに計算します。
(1) 214 × 2 = 428
(2) 404 × 2 = 808
(3) 213 × 3 = 639

❸一の位からじゅんに計算します。
(1) 434 × 2 = 868
(2) 223 × 3 = 669
(3) 232 × 3 = 696
(4) 332 × 3 = 996
(5) 432 × 2 = 864
(6) 222 × 4 = 888

(7) 133 × 3 = 399
(8) 121 × 4 = 484
(9) 444 × 2 = 888

♺わり算のあまりは、わる数より小さくなります。
(1)2×7=14、15−14=1だから、7あまり1です。
(2)8×8=64、68−64=4だから、8あまり4です。
(7)6×9=54、57−54=3だから、9あまり3です。
(8)9×5=45、53−45=8だから、5あまり8です。

44 1けたの数をかけるかけ算⑤ 89ページ

❶ (1)872 (2)982 (3)984
(4)948 (5)756 (6)368
❷ (1)852 (2)2772 (3)1929
(4)4968 (5)4015 (6)1064
❸ (1)2772 (2)4220 (3)4446
(4)2288 (5)4344 (6)3868
(7)3465 (8)3456 (9)8991

♺ (1)6あまり4 (2)○
(3)6あまり7 (4)7あまり2

まちがえたら、とき直しましょう。

◁》ポイント
❶くり上がりに注意しましょう。
(1) 218 × 4 = 872
(2) 491 × 2 = 982
(3) 328 × 3 = 984

(4)
$$\begin{array}{r} 3\overset{1}{1}6 \\ \times\quad 3 \\ \hline 948 \end{array}$$

(5)
$$\begin{array}{r} 10\overset{5}{8} \\ \times\quad 7 \\ \hline 756 \end{array}$$

(6)
$$\begin{array}{r} 1\overset{1}{8}4 \\ \times\quad 2 \\ \hline 368 \end{array}$$

❷ くり上がりに注意しましょう。

(1)
$$\begin{array}{r} \overset{2}{2}\overset{1}{8}4 \\ \times\quad 3 \\ \hline 852 \end{array}$$

(2)
$$\begin{array}{r} 9\overset{1}{2}4 \\ \times\quad 3 \\ \hline 2772 \end{array}$$

(3)
$$\begin{array}{r} 6\overset{1}{4}3 \\ \times\quad 3 \\ \hline 1929 \end{array}$$

(4)
$$\begin{array}{r} 6\overset{1}{2}1 \\ \times\quad 8 \\ \hline 4968 \end{array}$$

(5)
$$\begin{array}{r} 8\overset{1}{0}3 \\ \times\quad 5 \\ \hline 4015 \end{array}$$

(6)
$$\begin{array}{r} 2\overset{2}{6}\overset{2}{6} \\ \times\quad 4 \\ \hline 1064 \end{array}$$

❸ くり上がりに注意しましょう。

(1)
$$\begin{array}{r} 3\overset{6}{9}\overset{4}{6} \\ \times\quad 7 \\ \hline 2772 \end{array}$$

(2)
$$\begin{array}{r} 8\overset{2}{4}\overset{2}{4} \\ \times\quad 5 \\ \hline 4220 \end{array}$$

(3)
$$\begin{array}{r} 4\overset{8}{9}\overset{3}{4} \\ \times\quad 9 \\ \hline 4446 \end{array}$$

(4)
$$\begin{array}{r} 2\overset{6}{8}\overset{4}{6} \\ \times\quad 8 \\ \hline 2288 \end{array}$$

(5)
$$\begin{array}{r} 7\overset{1}{2}\overset{2}{4} \\ \times\quad 6 \\ \hline 4344 \end{array}$$

(6)
$$\begin{array}{r} 9\overset{2}{6}\overset{2}{7} \\ \times\quad 4 \\ \hline 3868 \end{array}$$

(7)
$$\begin{array}{r} 3\overset{7}{8}\overset{4}{5} \\ \times\quad 9 \\ \hline 3465 \end{array}$$

(8)
$$\begin{array}{r} 4\overset{2}{3}\overset{1}{2} \\ \times\quad 8 \\ \hline 3456 \end{array}$$

(9)
$$\begin{array}{r} 9\overset{8}{9}\overset{8}{9} \\ \times\quad 9 \\ \hline 8991 \end{array}$$

🔄 わり算のあまりは、わる数より小さくなります。
(1)6×6=36、40−36=4だから、6あまり4です。
(2)7×7=49、53−49=4だから、7あまり4です。
(3)9×6=54、61−54=7だから、6あまり7です。
(4)5×7=35、37−35=2だから、7あまり2です。

---

45 かけ算のきまり 91ページ

❶ (1)(上からじゅんに)21、42
　(2)(上からじゅんに)6、42
❷ (1)(上からじゅんに)35、140
　(2)(上からじゅんに)20、140
❸ (1)54 　(2)640
　(3)240 　(4)460

🔄 (1)6000 　(2)43000
　(3)17000 　(4)80000
　(5)75万 　(6)26万

まちがえたら、とき直しましょう。

🔊 ポイント
❶❷3つの数のかけ算では、はじめの2つの数を先に計算しても、あとの2つの数を先に計算しても、答えは同じになります。
❸あとの2つの数を先に計算すれば、計算がかんたんになります。
(1)6×3×3=6×(3×3)=6×9=54
(2)80×2×4=80×(2×4)=80×8=640
(3)24×5×2=24×(5×2)=24×10=240
(4)23×5×4=23×(5×4)=23×20=460
🔄(1)1000が、4+2=6(こ)です。
(2)1000が、47−4=43(こ)です。
(3)1000が、8+9=17(こ)です。
(4)1000が、88−8=80(こ)です。
(5)1万が、42+33=75(こ)です。
(6)1万が、28−2=26(こ)です。

---

46 計算のきまり 93ページ

❶ (1)(上からじゅんに)48、72、120
　(2)(上からじゅんに)30、120
❷ (1)(上からじゅんに)138、78、60
　(2)(上からじゅんに)10、60
❸ (1)50 　(2)70
　(3)1000 　(4)420

🔄 (1)240 　(2)5100
　(3)62 　(4)560
　(5)4700 　(6)87000

まちがえたら、とき直しましょう。

🔊 ポイント
❶❷2つの数に同じ数をかけて、たしたりひいたりする計算では、先に2つの数をたしたりひいたりしてからかけ算をしても、答えは同じになります。
❸先に2つの数をたしたりひいたりしてからかけ算をすれば、計算がかんたんになります。
(1)3×5+7×5=(3+7)×5=10×5=50
(2)15×7−5×7=(15−5)×7=10×7=70
(3)130×5+70×5=(130+70)×5
=200×5=1000
(4)135×6−65×6=(135−65)×6
=70×6=420
🔄(1)(2)10倍すると位が1つずつ上がり、右に0を1こつけた数になります。
(3)(4)10でわると位が1つずつ下がり、右の0を1ことった数になります。
(5)100倍すると位が2つずつ上がり、右に0を2こつけた数になります。
(6)1000倍すると位が3つずつ上がり、右に0を3こつけた数になります。

❶ (1)301　(2)195　(3)413
❷ (1)7760　(2)1516　(3)2364
❸ (1)5600　(2)9000　(3)3600　(4)2800
　(5)8100
❹ 式…165×6=990　答え…990円
❺ 式…369×4=1476　答え…1476人
❻ 式…(165×7)+(135×7)
　　=(165+135)×7
　　=300×7=2100
　答え…2100円

◁)) **ポイント**
❶ くり上がりに注意しましょう。

(1)　$\overset{2}{4}3$
　×　7
　301

(2)　$\overset{4}{3}9$
　×　5
　195

(3)　$\overset{6}{5}9$
　×　7
　413

❷ くり上がりに注意しましょう。

(1)　$9\overset{5}{7}0$
　×　8
　7760

(2)　$7\overset{1}{5}\overset{1}{8}$
　×　2
　1516

(3)　$3\overset{5}{9}\overset{2}{4}$
　×　6
　2364

❸(1)(2)あとの2つの数のかけ算を先にしましょう。
(1)700×2×4=700×(2×4)=700×8
=5600
(2)300×5×6=300×(5×6)=300×30
=9000
(3)～(5)かけ算はさいごにまとめましょう。
(3)240×9+160×9=(240+160)×9
=400×9=3600
(4)456×7−56×7=(456−56)×7
=400×7=2800
(5)999×9−99×9=(999−99)×9
=900×9=8100

❹ 1ダースのねだん×ダース数=代金です。
❺ 1きの定員×き数=人数です。
❻ ジュースの代金は165×7(円)、
お茶の代金は135×7(円)
合計をもとめるときはかけ算をさいごにまとめましょう。

❶ (1)4　(2)3　(3)1　(4)8
　(5)4　(6)3
❷ (1)2　(2)1　(3)7　(4)2
❸ (1)　4 1 8
　　×　　3
　　1 2 5 4
　(2)　2 5 9
　　×　　7
　　1 8 1 3

◁)) **ポイント**
❶(1)2をかけて8になる数です。
(2)3にかけて9になる数です。
(3)3をかけて3になる数です。
(4)2と4をかけた数です。
(5)2にかけて8になる数です。
(6)3をかけて9になる数です。
❷(1)2をかけて4になる数です。
(2)3をかけて3になる数です。
(3)3と2をかけて一の位から1がくり上がっている数です。
(4)8にかけて16になる数です。
❸1つずつもとめましょう。

❶ (1)4000g　　(2)4100g
　(3)7000kg　(4)7600kg
❷ (1)300　(2)2　(3)2、300
❸ (1)700　(2)5　(3)5、700
❹ (1)1450　　(2)6020
　(3)8、420　(4)12、800

↻ (1)80　(2)490　(3)560　(4)140
　(5)5400　(6)2400　(7)3600　(8)1600

まちがえたら、とき直しましょう。

◁)) **ポイント**
❶ 1kg=1000g、1t=1000kgです。
❷ 2300g=2000g+300g=2kg+300g
❸ 5700kg=5000kg+700kg=5t+700kg
❹(1)1kg=1000gです。
(2)1t=1000kgです。
(3)1000g=1kgです。
(4)1000kg=1tです。
↻(1)4×2=8なので、40×2は8の10倍です。
(2)7×7=49なので、70×7は49の10倍です。
(3)8×7=56なので、80×7は56の10倍です。
(4)7×2=14なので、70×2は14の10倍です。
(5)9×6=54なので、900×6は54の100倍です。
(6)3×8=24なので、300×8は24の100倍です。
(7)9×4=36なので、900×4は36の100倍です。
(8)8×2=16なので、800×2は16の100倍です。

50 重さ② 101ページ

❶ (1)500 (2)800 (3)300 (4)600
❷ (1)1、300 (2)1、400
 (3)600 (4)500
 (5)400
❸ (1)2、200 (2)4、100
 (3)8、900 (4)4、700
 (5)7、900

🔄 (1)30 (2)33 (3)88 (4)42
 (5)26 (6)60

> まちがえたら、とき直しましょう。

🔊 ポイント

たんいに注意して計算しましょう。
❷1000g＝1kgです。
(1)400g＋900g＝1300g＝1kg300g
(2)600g＋800g＝1400g＝1kg400g
(3)1kg400g－800g＝1400g－800g＝600g
(4)1kg200g－700g＝1200g－700g＝500g
(5)1kg300g－900g＝1300g－900g＝400g
❸1000g＝1kgです。
(1)1kg300g＋900g＝1300g＋900g
 ＝2200g＝2kg200g
(2)600g＋3kg500g＝600g＋3500g
 ＝4100g＝4kg100g
(3)13kg700g－4kg800g
 ＝13700g－4800g＝8900g＝8kg900g
(4)8kg200g－3kg500g＝8200g－3500g
 ＝4700g＝4kg700g
(5)16kg800g－8kg900g
 ＝16800g－8900g＝7900g＝7kg900g
🔄一の位からじゅんに計算します。

51 重さ③ 103ページ

❶ (1)400 (2)800 (3)400 (4)800
❷ (1)1、100 (2)1、400
 (3)200 (4)500
 (5)800
❸ (1)6、100 (2)3、400
 (3)12、900 (4)2、500
 (5)10、700

🔄 (1)54 (2)126 (3)78 (4)204
 (5)237 (6)320

> まちがえたら、とき直しましょう。

🔊 ポイント

たんいに注意して計算しましょう。
❷1000kg＝1tです。
(1)300kg＋800kg＝1100kg＝1t100kg
(3)1t100kg－900kg＝1100kg－900kg
 ＝200kg
❸1000kg＝1tです。
(1)300kg＋5t800kg＝300kg＋5800kg
 ＝6100kg＝6t100kg
(3)14t600kg－1t700kg
 ＝14600kg－1700kg
 ＝12900kg＝12t900kg
🔄くり上がりに注意しましょう。
(4) $\begin{array}{r} \overset{2}{3}4 \\ \times\ \ 6 \\ \hline 204 \end{array}$ (5) $\begin{array}{r} \overset{2}{7}9 \\ \times\ \ 3 \\ \hline 237 \end{array}$ (6) $\begin{array}{r} \overset{2}{6}4 \\ \times\ \ 5 \\ \hline 320 \end{array}$

52 小数の表し方 105ページ

❶ (1)3.7 (2)386.3 (3)1.5 (4)2.4
❷ (1)3、8 (2)7、9 (3)64 (4)237
 (5)298
❸ (1)0.3 (2)0.8 (3)6.5 (4)22.8
 (5)8.3

🔄 (1)696 (2)222 (3)900 (4)880
 (5)903 (6)707

> まちがえたら、とき直しましょう。

🔊 ポイント

❶(1)3と0.7を合わせて3.7
(2)300と80と6と0.3を合わせて386.3
❷(1)3.8を3と0.8に分けて考えます。
(2)7.9を7と0.9に分けて考えます。
❸(1)1dLの3こ分なので、0.1Lの3こ分になります。
(2)1mmの8こ分なので、0.1cmの8こ分になります。
(3)1dLの65こ分なので、0.1Lの65こ分になります。
(4)1mmの228こ分なので、0.1cmの228こ分になります。
(5)1dLの83こ分なので、0.1Lの83こ分になります。
🔄一の位からじゅんに計算します。
(1) $\begin{array}{r} 232 \\ \times\ \ \ 3 \\ \hline 696 \end{array}$ (2) $\begin{array}{r} 111 \\ \times\ \ \ 2 \\ \hline 222 \end{array}$ (3) $\begin{array}{r} 100 \\ \times\ \ \ 9 \\ \hline 900 \end{array}$
(4) $\begin{array}{r} 220 \\ \times\ \ \ 4 \\ \hline 880 \end{array}$ (5) $\begin{array}{r} 301 \\ \times\ \ \ 3 \\ \hline 903 \end{array}$ (6) $\begin{array}{r} 101 \\ \times\ \ \ 7 \\ \hline 707 \end{array}$

53 小数① 107ページ

❶ (上からじゅんに)5、5、0.9

❷ (1)0.3 (2)1.5 (3)1.8 (4)0.7
(5)0.4 (6)1.6 (7)1.9 (8)0.2
(9)0.8 (10)1.3

❸ (1)0.8 (2)0.9 (3)0.8 (4)0.6
(5)0.9 (6)0.7 (7)0.6 (8)0.7
(9)0.7 (10)0.9 (11)0.5 (12)0.5

↻ (1)4740 (2)2904 (3)1458 (4)3318
(5)1218 (6)3936

> まちがえたら、とき直しましょう。

🔊 ポイント

❶ 0.1の何こ分かで考えると、整数と同じように計算できます。

❷ 1は0.1の10こ分です。
(1)0+3=3なので、0.1の3こ分です。
(2)10+5=15なので、0.1の15こ分です。
(4)0+7=7なので、0.1の7こ分です。
(5)4+0=4なので、0.1の4こ分です。
(7)9+10=19なので、0.1の19こ分です。
(8)2+0=2なので、0.1の2こ分です。
(10)10+3=13なので、0.1の13こ分です。

❸ 0.1の何こ分かを考えます。
(1)7+1=8なので、0.1の8こ分です。
(2)8+1=9なので、0.1の9こ分です。
(4)3+3=6なので、0.1の6こ分です。
(5)6+3=9なので、0.1の9こ分です。
(7)1+5=6なので、0.1の6こ分です。
(8)5+2=7なので、0.1の7こ分です。
(10)2+7=9なので、0.1の9こ分です。
(11)4+1=5なので、0.1の5こ分です。

↻ くり上がりに注意しましょう。

(1)
```
    790
×     6
───────
  4740
```
(2)
```
    968
×     3
───────
  2904
```
(3)
```
    162
×     9
───────
  1458
```
(4)
```
    553
×     6
───────
  3318
```
(5)
```
    203
×     6
───────
  1218
```
(6)
```
    492
×     8
───────
  3936
```

54 小数② 109ページ

❶ (上からじゅんに)7、7、1.5

❷ (1)1.3 (2)1.6 (3)1.1 (4)1.4
(5)1.2 (6)1.3 (7)1.4 (8)1.1
(9)1.1 (10)1

❸ (1)2.1 (2)2.4 (3)3.2 (4)5.2
(5)9.3 (6)9.1 (7)5.1 (8)6.6
(9)3.1 (10)5.1 (11)5.2 (12)8.3

↻ (1)81 (2)56 (3)190 (4)720

> まちがえたら、とき直しましょう。

🔊 ポイント

❶ 0.1の何こ分かで考えると、整数と同じように計算できます。

❷ 1は0.1の10こ分です。
(1)9+4=13なので、0.1の13こ分です。
(3)5+6=11なので、0.1の11こ分です。
(5)9+3=12なので、0.1の12こ分です。
(7)6+8=14なので、0.1の14こ分です。
(9)4+7=11なので、0.1の11こ分です。

❸ 0.1の何こ分かを考えます。
(1)6+15=21なので、0.1の21こ分です。
(3)29+3=32なので、0.1の32こ分です。

(5)58+35=93なので、0.1の93こ分です。
(7)18+33=51なので、0.1の51こ分です。
(9)9+22=31なので、0.1の31こ分です。
(11)37+15=52なので、0.1の52こ分です。

↻ あとの2つの数のかけ算を先にしましょう。

(1)9×3×3=9×(3×3)=9×9=81
(2)7×2×4=7×(2×4)=7×8=56
(3)19×5×2=19×(5×2)=19×10=190
(4)36×5×4=36×(5×4)=36×20=720

55 小数③ 111ページ

❶ (上からじゅんに)3、3、0.5

❷ (1)0.6 (2)0.3 (3)0.2 (4)0.5
(5)0.5 (6)0.1 (7)0.4 (8)0.3
(9)0.3 (10)0.8

❸ (1)2.2 (2)1.4 (3)6.2 (4)2.1
(5)1.5 (6)3.1 (7)7.1 (8)5.2
(9)6.2 (10)2.8 (11)4.3 (12)1.9

↻ (1)70 (2)600 (3)100 (4)210

> まちがえたら、とき直しましょう。

🔊 ポイント

❶ 0.1の何こ分かで考えると、整数と同じように計算できます。

❷ 0.1の何こ分かを考えます。
(1)8-2=6なので、0.1の6こ分です。
(3)9-7=2なので、0.1の2こ分です。
(5)6-1=5なので、0.1の5こ分です。
(7)8-4=4なので、0.1の4こ分です。
(9)5-2=3なので、0.1の3こ分です。

❸ 0.1の何こ分かを考えます。
(1)38-16=22なので、0.1の22こ分です。

(3)95−33＝62なので、0.1の62こ分です。
(5)27−12＝15なので、0.1の15こ分です。
(7)76−5＝71なので、0.1の71こ分です。
(9)83−21＝62なので、0.1の62こ分です。
(11)98−55＝43なので、0.1の43こ分です。

🔄(1)8×7+2×7＝(8+2)×7＝10×7＝70
(2)56×6+44×6＝(56+44)×6＝100×6＝600
(3)25×5−5×5＝(25−5)×5＝20×5＝100
(4)44×7−14×7＝(44−14)×7＝30×7＝210

56 小数④ 113ページ

❶（上からじゅんに）15、15、0.8
❷(1)0.8 (2)0.5 (3)1.7 (4)7.6
(5)1.8 (6)3.8 (7)0.2 (8)2.5
(9)0.7 (10)0.5
❸(1)2.9 (2)4.7 (3)4.4 (4)2.9
(5)0.3 (6)0.9 (7)3.8 (8)0.8
(9)6.8 (10)0.9

🔄(1)2380 (2)3140
(3)3、860 (4)9、390

まちがえたら、とき直しましょう。

◁)) ポイント
❶0.1の何こ分かで考えると、整数と同じように計算できます。
❷0.1の何こ分かを考えます。
(1)17−9＝8なので、0.1の8こ分です。
(3)25−8＝17なので、0.1の17こ分です。
(5)23−5＝18なので、0.1の18こ分です。

(7)10−8＝2なので、0.1の2こ分です。
(9)16−9＝7なので、0.1の7こ分です。
❸0.1の何こ分かを考えます。
(1)55−26＝29なので、0.1の29こ分です。
(3)90−46＝44なので、0.1の44こ分です。
(5)62−59＝3なので、0.1の3こ分です。
(7)76−38＝38なので、0.1の38こ分です。
(9)80−12＝68なので、0.1の68こ分です。

🔄(1)(2)1kg＝1000g、1t＝1000kgです。
(3)(4)1000g＝1kg、1000kg＝1tです。

57 小数⑤ 115ページ

❶(1)0.6 (2)0.6 (3)0.9 (4)1
(5)1.1 (6)1.6
❷(1)8.8 (2)9.3 (3)4.5 (4)5.5
(5)6.1 (6)9 (7)8.3 (8)9.1
(9)6
❸(1)13.2 (2)15.4 (3)11.5 (4)22.1
(5)32 (6)46.3

🔄(1)1、600 (2)3、300
(3)4、800 (4)1、700

まちがえたら、とき直しましょう。

◁)) ポイント
❶一の位からじゅんに計算します。

(1) 0.4＋0.2＝0.6　(2) 0.5＋0.1＝0.6　(3) 0.4＋0.5＝0.9

くり上がりに注意しましょう。

(4) 0.6＋0.4＝1.0　(5) 0.5＋0.6＝1.1　(6) 0.8＋0.8＝1.6

❷くり上がりに注意しましょう。

(1) 4.9＋3.9＝8.8　(2) 2.5＋6.8＝9.3　(3) 1.9＋2.6＝4.5
(4) 1.7＋3.8＝5.5　(5) 3.9＋2.2＝6.1　(6) 3.3＋5.7＝9.0
(7) 2.8＋5.5＝8.3　(8) 6.3＋2.8＝9.1　(9) 4.2＋1.8＝6.0

❸くり上がりに注意しましょう。

(1) 4.3＋8.9＝13.2　(2) 9.5＋5.9＝15.4　(3) 6.8＋4.7＝11.5
(4) 8.7＋13.4＝22.1　(5) 26.6＋5.4＝32.0　(6) 18.4＋27.9＝46.3

🔄(1)1kg400g＋200g＝1400g＋200g＝1600g＝1kg600g
(2)500g＋2kg800g＝500g＋2800g＝3300g＝3kg300g
(3)8kg500g−3kg700g＝8500g−3700g＝4800g＝4kg800g
(4)7kg600g−5kg900g＝7600g−5900g＝1700g＝1kg700g

58 小数⑥　　117ページ

❶ (1)0.2　(2)0.3　(3)0.5　(4)0.6
　(5)2.9　(6)4.6

❷ (1)4.8　(2)6.4　(3)0.5　(4)7.8
　(5)2.6　(6)7　(7)5.9　(8)0.7
　(9)5

❸ (1)5.8　(2)17.9　(3)10.8　(4)32.8
　(5)19　(6)26.4

🔄 (1)1,600　　(2)4,400
　(3)9,800　　(4)2,400

> まちがえたら、とき直しましょう。

🔊 **ポイント**

❶一番小さいけたからじゅんに計算します。

(1) 0.9	(2) 0.6	(3) 0.9
− 0.7	− 0.3	− 0.4
0.2	0.3	0.5

くり下がりに注意しましょう。

(4) 1.5	(5) 3.3	(6) 5.4
− 0.9	− 0.4	− 0.8
0.6	2.9	4.6

❷くり下がりに注意しましょう。

(1) 8.2	(2) 8.3	(3) 4.3
− 3.4	− 1.9	− 3.8
4.8	6.4	0.5

(4) 9.3	(5) 7.5	(6) 9.3
− 1.5	− 4.9	− 2.3
7.8	2.6	7.0

(7) 9.5	(8) 7.2	(9) 8.6
− 3.6	− 6.5	− 3.6
5.9	0.7	5.0

❸くり下がりに注意しましょう。

(1) 12.1	(2) 26.2	(3) 11.4
− 6.3	− 8.3	− 0.6
5.8	17.9	10.8

(4) 51.1	(5) 64.3	(6) 80.3
−18.3	−45.3	−53.9
32.8	19.0	26.4

🔄 (1)1kg100g+500g=1100g+500g
　=1600g=1kg600g
　(2)800g+3kg600g=800g+3600g
　=4400g=4kg400g
　(3)12kg500g−2kg700g
　=12500g−2700g=9800g=9kg800g
　(4)10kg200g−7kg800g
　=10200g−7800g=2400g=2kg400g

59 まとめのテスト❾　　119ページ

❶ (1)11、400　　(2)5、400
❷ (1)8.1　(2)15.3　(3)1.7　(4)10.8
❸ (1)57.2　(2)43.2　(3)22.1　(4)2
　(5)25.2　(6)24.5
❹ 式…0.8+1.3=2.1　答え…2.1km
❺ 式…17.5−15.6=1.9　答え…1.9km
❻ 式…4.1−1.2=2.9　答え…2.9kg

🔊 **ポイント**

❶1000g=1kgです。
❷0.1の何こ分かを考えます。
　(2)66+87=153なので、0.1の153こ分です。
　(4)122−14=108なので、0.1の108こ分です。

❸くり上がりに注意しましょう。

(1) 52.3	(2) 35.4	(3) 18.5
+ 4.9	+ 7.8	+ 3.6
57.2	43.2	22.1

くり下がりに注意しましょう。

(4) 41.5	(5) 51.1	(6) 91.3
−39.5	−25.9	−66.8
2.0	25.2	24.5

❹ (家〜公園)=(家〜学校)+(学校〜公園)です。
❺ 電車を使わない道のり
　=目的地までの道のり−電車を使う道のりです。
❻ ランドセルの中身の重さ
　=全体の重さ−ランドセルの重さです。

60 パズル③　　121ページ

❶
スタート

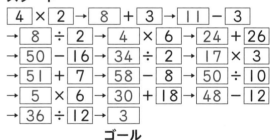

❷
スタート

1.3 + 1.6 → 2.9 + 1.1 → 4 ÷ 2
→ 2 × 8 → 16 − 6.6 → 9.4 + 2.6
→ 12 × 6 → 72 ÷ 8 → 9 × 2
→ 18 + 2.2 → 20.2 − 15.2 → 5 ÷ 5
→ 1 × 12 → 12 + 4.2 → 16.2 − 4.2
→ 12 ÷ 4 → 3

ゴール

61	**分数の大きさ**		123ページ

❶ (1)$\frac{1}{4}$　(2)$\frac{3}{4}$　(3)$\frac{2}{5}$　(4)1

❷ (上からじゅんに)2、3、5、$\frac{5}{7}$

❸ (上からじゅんに)4、2、2、$\frac{2}{5}$

🔁 (1)0.5　(2)1　(3)2.4　(4)12.3
　(5)0.8　(6)3　(7)9.8　(8)18.5

> まちがえたら、とき直しましょう。

📢 **ポイント**

❶分けた数が分母、いくつ分を表す数が分子になります。

❷$\frac{1}{7}$が何こ分かを考えます。

❸$\frac{1}{5}$が何こ分かを考えます。

🔁0.1は1を10こに分けた1こ分です。

62	**分数と小数**			125ページ

❶ (1)1　(2)1　(3)5　(4)5
❷ (1)0.1　(2)0.4　(3)0.6　(4)0.7
　(5)0.9　(6)0.3　(7)0.8　(8)0.2
❸ (1)$\frac{5}{10}$　(2)$\frac{8}{10}$　(3)$\frac{9}{10}$　(4)$\frac{3}{10}$
　(5)$\frac{2}{10}$　(6)$\frac{7}{10}$　(7)$\frac{4}{10}$　(8)$\frac{6}{10}$

🔁 (1)0.1　(2)1.2　(3)0.8　(4)0.7
　(5)0.6　(6)0.8　(7)0.6　(8)0.9

> まちがえたら、とき直しましょう。

📢 **ポイント**

❶$\frac{1}{10}=0.1$、$\frac{5}{10}=0.5$となることがわかります。

❷(2)$\frac{1}{10}$が4こ分なので、0.4です。

(4)$\frac{1}{10}$が7こ分なので、0.7です。

(6)$\frac{1}{10}$が3こ分なので、0.3です。

(8)$\frac{1}{10}$が2こ分なので、0.2です。

❸(2)$\frac{1}{10}$が8こ分なので、$\frac{8}{10}$です。

(4)$\frac{1}{10}$が3こ分なので、$\frac{3}{10}$です。

(6)$\frac{1}{10}$が7こ分なので、$\frac{7}{10}$です。

(8)$\frac{1}{10}$が6こ分なので、$\frac{6}{10}$です。

🔁(2)10+2=12なので、0.1の12こ分です。
(4)6+1=7なので、0.1の7こ分です。
(6)4+4=8なので、0.1の8こ分です。
(8)7+2=9なので、0.1の9こ分です。

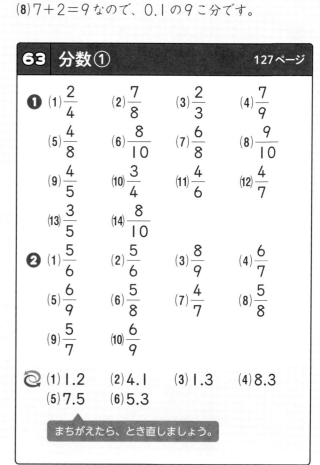

63	**分数①**			127ページ

❶ (1)$\frac{2}{4}$　(2)$\frac{7}{8}$　(3)$\frac{2}{3}$　(4)$\frac{7}{9}$
　(5)$\frac{4}{8}$　(6)$\frac{8}{10}$　(7)$\frac{6}{8}$　(8)$\frac{9}{10}$
　(9)$\frac{4}{5}$　(10)$\frac{3}{4}$　(11)$\frac{4}{6}$　(12)$\frac{4}{7}$
　(13)$\frac{3}{5}$　(14)$\frac{8}{10}$

❷ (1)$\frac{5}{6}$　(2)$\frac{5}{6}$　(3)$\frac{8}{9}$　(4)$\frac{6}{7}$
　(5)$\frac{6}{9}$　(6)$\frac{5}{8}$　(7)$\frac{4}{7}$　(8)$\frac{5}{8}$
　(9)$\frac{5}{7}$　(10)$\frac{6}{9}$

🔁 (1)1.2　(2)4.1　(3)1.3　(4)8.3
　(5)7.5　(6)5.3

> まちがえたら、とき直しましょう。

📢 **ポイント**

❶(1)1+1=2なので、$\frac{1}{4}$の2こ分です。

(2)4+3=7なので、$\frac{1}{8}$の7こ分です。

(3)1+1=2なので、$\frac{1}{3}$の2こ分です。

(4)2+5=7なので、$\frac{1}{9}$の7こ分です。

(5)3+1=4なので、$\frac{1}{8}$の4こ分です。

(6)5+3=8なので、$\frac{1}{10}$の8こ分です。

(7)1+5=6なので、$\frac{1}{8}$の6こ分です。

(8)6+3=9なので、$\frac{1}{10}$の9こ分です。

(9)3+1=4なので、$\frac{1}{5}$の4こ分です。

(10)2+1=3なので、$\frac{1}{4}$の3こ分です。

(11)2+2=4なので、$\frac{1}{6}$の4こ分です。

(12)1+3=4なので、$\frac{1}{7}$の4こ分です。

(13)1+2=3なので、$\frac{1}{5}$の3こ分です。

(14)3+5=8なので、$\frac{1}{10}$の8こ分です。

❷(1)3+2=5なので、$\frac{1}{6}$の5こ分です。

(2)4+1=5なので、$\frac{1}{6}$の5こ分です。

(3)6+2=8なので、$\frac{1}{9}$の8こ分です。

(4)5+1=6なので、$\frac{1}{7}$の6こ分です。

(5)3+3=6なので、$\frac{1}{9}$の6こ分です。

(6)2+3=5なので、$\frac{1}{8}$の5こ分です。

(7)3+1=4なので、$\frac{1}{7}$の4こ分です。

(8)4+1=5なので、$\frac{1}{8}$の5こ分です。

(9)1+4=5なので、$\frac{1}{7}$の5こ分です。

(10)5+1=6なので、$\frac{1}{9}$の6こ分です。

🔄(2)15+26=41なので、0.1の41こ分です。
(4)36+47=83なので、0.1の83こ分です。
(6)15+38=53なので、0.1の53こ分です。

64 分数② 129ページ

❶(1)$\frac{5}{7}$ (2)$\frac{6}{8}$ (3)$\frac{6}{9}$ (4)$\frac{7}{9}$

(5)$\frac{6}{8}$ (6)$\frac{3}{7}$ (7)$\frac{3}{6}$ (8)1

(9)$\frac{4}{6}$ (10)$\frac{4}{5}$ (11)$\frac{3}{6}$ (12)$\frac{7}{8}$

(13)$\frac{6}{7}$ (14)$\frac{6}{8}$

❷(1)$\frac{6}{10}$ (2)$\frac{3}{4}$ (3)$\frac{7}{10}$ (4)$\frac{8}{9}$

(5)$\frac{5}{10}$ (6)1 (7)$\frac{9}{10}$ (8)$\frac{3}{7}$

(9)$\frac{8}{10}$ (10)$\frac{2}{6}$

🔄(1)0.1 (2)0.8 (3)1.3 (4)1.2
(5)4.3 (6)2.7

まちがえたら、とき直しましょう。

🔊 ポイント

❶(1)2+3=5なので、$\frac{1}{7}$の5こ分です。

(3)2+4=6なので、$\frac{1}{9}$の6こ分です。

(5)3+3=6なので、$\frac{1}{8}$の6こ分です。

(7)2+1=3なので、$\frac{1}{6}$の3こ分です。

(9)3+1=4なので、$\frac{1}{6}$の4こ分です。

(11)1+2=3なので、$\frac{1}{6}$の3こ分です。

(13)4+2=6なので、$\frac{1}{7}$の6こ分です。

(14)5+1=6なので、$\frac{1}{8}$の6こ分です。

❷(1)5+1=6なので、$\frac{1}{10}$の6こ分です。

(3)4+3=7なので、$\frac{1}{10}$の7こ分です。

(5)3+2=5なので、$\frac{1}{10}$の5こ分です。

(7)2+7=9なので、$\frac{1}{10}$の9こ分です。

(9)4+4=8なので、$\frac{1}{10}$の8こ分です。

(10)1+1=2なので、$\frac{1}{6}$の2こ分です。

🔄(1)5-4=1なので、0.1の1こ分です。
(2)9-1=8なので、0.1の8こ分です。
(3)24-11=13なので、0.1の13こ分です。
(4)33-21=12なので、0.1の12こ分です。
(5)96-53=43なので、0.1の43こ分です。
(6)72-45=27なので、0.1の27こ分です。

❶ (1) $\frac{1}{6}$　(2) $\frac{1}{6}$　(3) $\frac{1}{4}$　(4) $\frac{5}{9}$

(5) $\frac{4}{10}$　(6) $\frac{4}{8}$　(7) $\frac{7}{9}$　(8) $\frac{5}{8}$

(9) $\frac{3}{8}$　(10) $\frac{2}{8}$　(11) $\frac{3}{7}$　(12) $\frac{1}{6}$

(13) $\frac{1}{6}$　(14) $\frac{2}{5}$

❷ (1) $\frac{1}{7}$　(2) $\frac{1}{9}$　(3) $\frac{2}{10}$　(4) $\frac{2}{4}$

(5) $\frac{3}{7}$　(6) $\frac{1}{5}$　(7) $\frac{2}{8}$　(8) $\frac{7}{10}$

(9) $\frac{4}{7}$　(10) $\frac{5}{9}$

🔄 (1) 2.9　(2) 1.5　(3) 1.8　(4) 2.9
(5) 1.8　(6) 1.8

まちがえたら、とき直しましょう。

◁» ポイント
❶(1) 5－4＝1なので、$\frac{1}{6}$の1こ分です。

(3) 2－1＝1なので、$\frac{1}{4}$の1こ分です。

(5) 5－1＝4なので、$\frac{1}{10}$の4こ分です。

(7) 8－1＝7なので、$\frac{1}{9}$の7こ分です。

(9) 6－3＝3なので、$\frac{1}{8}$の3こ分です。

(11) 5－2＝3なので、$\frac{1}{7}$の3こ分です。

(13) 4－3＝1なので、$\frac{1}{6}$の1こ分です。

❷(1) 2－1＝1なので、$\frac{1}{7}$の1こ分です。

(3) 7－5＝2なので、$\frac{1}{10}$の2こ分です。

(5) 4－1＝3なので、$\frac{1}{7}$の3こ分です。

(7) 7－5＝2なので、$\frac{1}{8}$の2こ分です。

(9) 6－2＝4なので、$\frac{1}{7}$の4こ分です。

🔄(1) 46－17＝29なので、0.1の29こ分です。
(2) 23－8＝15なので、0.1の15こ分です。
(3) 66－48＝18なので、0.1の18こ分です。
(4) 38－9＝29なので、0.1の29こ分です。
(5) 41－23＝18なので、0.1の18こ分です。
(6) 56－38＝18なので、0.1の18こ分です。

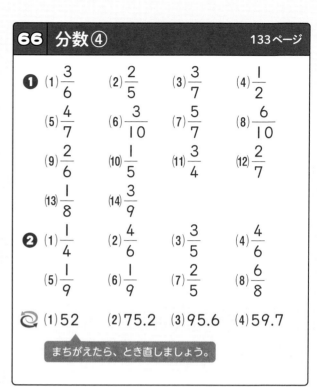

❶ (1) $\frac{3}{6}$　(2) $\frac{2}{5}$　(3) $\frac{3}{7}$　(4) $\frac{1}{2}$

(5) $\frac{4}{7}$　(6) $\frac{3}{10}$　(7) $\frac{5}{7}$　(8) $\frac{6}{10}$

(9) $\frac{2}{6}$　(10) $\frac{1}{5}$　(11) $\frac{3}{4}$　(12) $\frac{2}{7}$

(13) $\frac{1}{8}$　(14) $\frac{3}{9}$

❷ (1) $\frac{1}{4}$　(2) $\frac{4}{6}$　(3) $\frac{3}{5}$　(4) $\frac{4}{6}$

(5) $\frac{1}{9}$　(6) $\frac{1}{9}$　(7) $\frac{2}{5}$　(8) $\frac{6}{8}$

🔄 (1) 52　(2) 75.2　(3) 95.6　(4) 59.7

まちがえたら、とき直しましょう。

◁» ポイント
❶(1) 4－1＝3なので、$\frac{1}{6}$の3こ分です。

(3) 1は$\frac{7}{7}$であり、7－4＝3なので、$\frac{1}{7}$の3こ分です。

(4) 1は$\frac{2}{2}$であり、2－1＝1なので、$\frac{1}{2}$の1こ分です。

(5) 5－1＝4なので、$\frac{1}{7}$の4こ分です。

(7) 6－1＝5なので、$\frac{1}{7}$の5こ分です。

(9) 3－1＝2なので、$\frac{1}{6}$の2こ分です。

(11) 1 は $\frac{4}{4}$ であり、$4-1=3$ なので、$\frac{1}{4}$ の 3 こ分です。

(13) $5-4=1$ なので、$\frac{1}{8}$ の 1 こ分です。

❷(1) $3-2=1$ なので、$\frac{1}{4}$ の 1 こ分です。

(3) $4-1=3$ なので、$\frac{1}{5}$ の 3 こ分です。

(4) 1 は $\frac{6}{6}$ であり、$6-2=4$ なので、$\frac{1}{6}$ の 4 こ分です。

(5) $7-6=1$ なので、$\frac{1}{9}$ の 1 こ分です。

(7) 1 は $\frac{5}{5}$ であり、$5-3=2$ なので、$\frac{1}{5}$ の 2 こ分です。

🔁 くり上がりに注意しましょう。

(1)
$$\begin{array}{r} 4\,5.2 \\ +\ \ 6.8 \\ \hline 5\,2.0 \end{array}$$

(2)
$$\begin{array}{r} 6\,6.3 \\ +\ \ 8.9 \\ \hline 7\,5.2 \end{array}$$

(3)
$$\begin{array}{r} 6\,8.8 \\ +2\,6.8 \\ \hline 9\,5.6 \end{array}$$

(4)
$$\begin{array}{r} 2\,1.9 \\ +3\,7.8 \\ \hline 5\,9.7 \end{array}$$

---

67 分数⑤　135ページ

❶ (1) $\frac{4}{6}$　(2) 1　(3) $\frac{7}{8}$　(4) $\frac{5}{7}$

　　(5) 1　(6) $\frac{8}{10}$

❷ (1) $\frac{2}{8}$　(2) $\frac{1}{7}$　(3) $\frac{2}{6}$　(4) $\frac{4}{9}$

　　(5) $\frac{3}{8}$　(6) $\frac{1}{8}$

❸ (1) 1　(2) $\frac{5}{10}$　(3) $\frac{7}{9}$　(4) $\frac{2}{6}$

　　(5) $\frac{2}{7}$　(6) $\frac{2}{3}$

🔁 (1) 25.6　(2) 15.8　(3) 43.9　(4) 5.7

> まちがえたら、とき直しましょう。

🔊 ポイント

❶(1) $1+3=4$ なので、$\frac{1}{6}$ の 4 こ分です。

(2) $2+1=3$ なので、$\frac{1}{3}$ の 3 こ分です。

(5) $1+3=4$ なので、$\frac{1}{4}$ の 4 こ分です。

(6) $7+1=8$ なので、$\frac{1}{10}$ の 8 こ分です。

❷(1) $6-4=2$ なので、$\frac{1}{8}$ の 2 こ分です。

(2) $4-3=1$ なので、$\frac{1}{7}$ の 1 こ分です。

(5) $5-2=3$ なので、$\frac{1}{8}$ の 3 こ分です。

---

(6) $7-6=1$ なので、$\frac{1}{8}$ の 1 こ分です。

❸(1) $7+2=9$ なので、$\frac{1}{9}$ の 9 こ分です。

(2) $1+4=5$ なので、$\frac{1}{10}$ の 5 こ分です。

(3) $5+2=7$ なので、$\frac{1}{9}$ の 7 こ分です。

(4) $5-3=2$ なので、$\frac{1}{6}$ の 2 こ分です。

(5) $6-4=2$ なので、$\frac{1}{7}$ の 2 こ分です。

(6) 1 は $\frac{3}{3}$ であり、$3-1=2$ なので、$\frac{1}{3}$ の 2 こ分です。

🔁 くり下がりに注意しましょう。

(1)
$$\begin{array}{r} 3\,0.5 \\ -\ \ 4.9 \\ \hline 2\,5.6 \end{array}$$

(2)
$$\begin{array}{r} 2\,1.6 \\ -\ \ 5.8 \\ \hline 1\,5.8 \end{array}$$

(3)
$$\begin{array}{r} 7\,1.4 \\ -2\,7.5 \\ \hline 4\,3.9 \end{array}$$

(4)
$$\begin{array}{r} 3\,1.4 \\ -2\,5.7 \\ \hline 5.7 \end{array}$$

68 まとめのテスト⑩　137ページ

❶ (1) $\dfrac{9}{10}$　(2) $\dfrac{4}{7}$　(3) $\dfrac{7}{9}$　(4) $\dfrac{4}{9}$

(5) 1　(6) 1

❷ (1) $\dfrac{1}{5}$　(2) $\dfrac{3}{7}$　(3) $\dfrac{2}{9}$　(4) $\dfrac{1}{9}$

(5) $\dfrac{1}{8}$　(6) $\dfrac{5}{7}$

❸ 式…$\dfrac{3}{7}+\dfrac{2}{7}=\dfrac{5}{7}$　答え…$\dfrac{5}{7}$ L

❹ 式…$\dfrac{8}{9}-\dfrac{3}{9}=\dfrac{5}{9}$　答え…$\dfrac{5}{9}$ kg

❺ 式…$1-\dfrac{3}{5}=\dfrac{2}{5}$　答え…$\dfrac{2}{5}$ m

🔊 **ポイント**

❶(2) 2+2=4 なので、$\dfrac{1}{7}$ の4こ分です。

(4) 3+1=4 なので、$\dfrac{1}{9}$ の4こ分です。

(6) 2+2=4 なので、$\dfrac{1}{4}$ の4こ分です。

❷(2) 6-3=3 なので、$\dfrac{1}{7}$ の3こ分です。

(4) 3-2=1 なので、$\dfrac{1}{9}$ の1こ分です。

(6) $1=\dfrac{7}{7}$、7-2=5 なので、$\dfrac{1}{7}$ の5こ分です。

❸ リンゴジュースのりょう＋牛にゅうのりょう
＝合計のりょうです。

❹ メロンの重さ－モモの重さ＝ちがいの重さです。

❺ もとのリボンの長さ－切り取ったリボンの長さ
＝のこりのリボンの長さです。

69 2けたの数をかけるかけ算①　139ページ

❶ (1)（上からじゅんに）3、3、6、60
(2)（上からじゅんに）8、8、56、560

❷ (1) 80　(2) 90　(3) 270　(4) 300

❸ (1) 900　(2) 660　(3) 690　(4) 480
(5) 420　(6) 960　(7) 480　(8) 550
(9) 520　(10) 720

🔄 (1) $\dfrac{1}{7}$　(2) $\dfrac{2}{6}$　(3) $\dfrac{7}{9}$

> まちがえたら、とき直しましょう。

🔊 **ポイント**

❶ かける数を整数×10の形にします。
❷(1) $4\times20=4\times(2\times10)=(4\times2)\times10$
$=8\times10=80$
(2) $3\times30=3\times(3\times10)=(3\times3)\times10$
$=9\times10=90$
(3) $9\times30=9\times(3\times10)=(9\times3)\times10$
$=27\times10=270$
(4) $6\times50=6\times(5\times10)=(6\times5)\times10$
$=30\times10=300$
❸(1) $45\times20=45\times(2\times10)$
$=(45\times2)\times10=90\times10=900$
(2) $22\times30=22\times(3\times10)$
$=(22\times3)\times10=66\times10=660$
(3) $23\times30=23\times(3\times10)$
$=(23\times3)\times10=69\times10=690$
(4) $12\times40=12\times(4\times10)$
$=(12\times4)\times10=48\times10=480$
(5) $21\times20=21\times(2\times10)$
$=(21\times2)\times10=42\times10=420$
(6) $32\times30=32\times(3\times10)$
$=(32\times3)\times10=96\times10=960$
(7) $24\times20=24\times(2\times10)$
$=(24\times2)\times10=48\times10=480$
(8) $11\times50=11\times(5\times10)$
$=(11\times5)\times10=55\times10=550$
(9) $13\times40=13\times(4\times10)$
$=(13\times4)\times10=52\times10=520$
(10) $24\times30=24\times(3\times10)$
$=(24\times3)\times10=72\times10=720$

🔄 等分した数が分母、いくつ分の数が分子になります。

70 2けたの数をかけるかけ算②　141ページ

❶ （上からじゅんに）130、26、156

❷ (1) 396　(2) 924　(3) 713　(4) 736
(5) 861　(6) 374

❸ (1) 644　(2) 544　(3) 575　(4) 312
(5) 792　(6) 972

🔄 (1) $\dfrac{2}{10}$　(2) $\dfrac{6}{10}$　(3) $\dfrac{7}{10}$　(4) $\dfrac{5}{10}$

> まちがえたら、とき直しましょう。

🔊 **ポイント**

❶ 12を10と2に分けて計算しましょう。
❷ 一の位からじゅんに計算しましょう。

```
(1)    1 2        (2)    2 2        (3)    3 1
     × 3 3             × 4 2             × 2 3
     ─────             ─────             ─────
       3 6               4 4               9 3
     3 6               8 8               6 2
     ─────             ─────             ─────
     3 9 6             9 2 4             7 1 3
```

(4)
$$\begin{array}{r} 23 \\ \times 32 \\ \hline 46 \\ 69 \\ \hline 736 \end{array}$$

(5)
$$\begin{array}{r} 41 \\ \times 21 \\ \hline 41 \\ 82 \\ \hline 861 \end{array}$$

(6)
$$\begin{array}{r} 34 \\ \times 11 \\ \hline 34 \\ 34 \\ \hline 374 \end{array}$$

❸ くり上がりに注意しましょう。

(1)
$$\begin{array}{r} 14 \\ \times 46 \\ \hline 84 \\ 56 \\ \hline 644 \end{array}$$

(2)
$$\begin{array}{r} 16 \\ \times 34 \\ \hline 64 \\ 48 \\ \hline 544 \end{array}$$

(3)
$$\begin{array}{r} 25 \\ \times 23 \\ \hline 75 \\ 50 \\ \hline 575 \end{array}$$

(4)
$$\begin{array}{r} 24 \\ \times 13 \\ \hline 72 \\ 24 \\ \hline 312 \end{array}$$

(5)
$$\begin{array}{r} 36 \\ \times 22 \\ \hline 72 \\ 72 \\ \hline 792 \end{array}$$

(6)
$$\begin{array}{r} 18 \\ \times 54 \\ \hline 72 \\ 90 \\ \hline 972 \end{array}$$

↻ $0.1 = \dfrac{1}{10}$ であり、$\dfrac{1}{10}$ の何こ分かを考えます。

---

71 2けたの数をかけるかけ算③ 143ページ

❶ (1)1316 (2)1008 (3)882 (4)969
(5)950 (6)884 (7)1073 (8)1326
(9)1653

❷ (上からじゅんに)4、4、100、700

❸ (1)600 (2)400

↻ (1)$\dfrac{5}{6}$ (2)$\dfrac{6}{8}$ (3)$\dfrac{4}{5}$ (4)$\dfrac{4}{9}$

まちがえたら、とき直しましょう。

◁)) **ポイント**

❶ くり上がりに注意しましょう。

(1)
$$\begin{array}{r} 47 \\ \times 28 \\ \hline 376 \\ 94 \\ \hline 1316 \end{array}$$

(2)
$$\begin{array}{r} 28 \\ \times 36 \\ \hline 168 \\ 84 \\ \hline 1008 \end{array}$$

(3)
$$\begin{array}{r} 18 \\ \times 49 \\ \hline 162 \\ 72 \\ \hline 882 \end{array}$$

(4)
$$\begin{array}{r} 17 \\ \times 57 \\ \hline 119 \\ 85 \\ \hline 969 \end{array}$$

(5)
$$\begin{array}{r} 25 \\ \times 38 \\ \hline 200 \\ 75 \\ \hline 950 \end{array}$$

(6)
$$\begin{array}{r} 34 \\ \times 26 \\ \hline 204 \\ 68 \\ \hline 884 \end{array}$$

(7)
$$\begin{array}{r} 29 \\ \times 37 \\ \hline 203 \\ 87 \\ \hline 1073 \end{array}$$

(8)
$$\begin{array}{r} 78 \\ \times 17 \\ \hline 546 \\ 78 \\ \hline 1326 \end{array}$$

(9)
$$\begin{array}{r} 87 \\ \times 19 \\ \hline 783 \\ 87 \\ \hline 1653 \end{array}$$

❷ 28を4と7に分けて、先に25×4を計算しましょう。

❸ (1)24を4と6に分けましょう。
(2)16を4と4に分けましょう。

↻ (1)2+3＝5なので、$\dfrac{1}{6}$ の5こ分です。

(2)4+2＝6なので、$\dfrac{1}{8}$ の6こ分です。

(3)1+3＝4なので、$\dfrac{1}{5}$ の4こ分です。

(4)2+2＝4なので、$\dfrac{1}{9}$ の4こ分です。

---

72 2けたの数をかけるかけ算④ 145ページ

❶ (1)7128 (2)4416 (3)4558 (4)6141
(5)3584 (6)5544 (7)3230 (8)2562
(9)7176

❷ (1)2160 (2)3840 (3)3440

❸
$$\begin{array}{r} 6 \\ \times 34 \\ \hline 24 \\ 18 \\ \hline 204 \end{array}$$
$$\begin{array}{r} 34 \\ \times6 \\ \hline 204 \end{array}$$

↻ (1)$\dfrac{6}{7}$ (2)1 (3)$\dfrac{3}{5}$ (4)1

まちがえたら、とき直しましょう。

◁)) **ポイント**

❶ くり上がりに注意しましょう。

(1)
$$\begin{array}{r} 72 \\ \times 99 \\ \hline 648 \\ 648 \\ \hline 7128 \end{array}$$

(2)
$$\begin{array}{r} 96 \\ \times 46 \\ \hline 576 \\ 384 \\ \hline 4416 \end{array}$$

(3)
$$\begin{array}{r} 86 \\ \times 53 \\ \hline 258 \\ 430 \\ \hline 4558 \end{array}$$

(4)
$$\begin{array}{r} 89 \\ \times 69 \\ \hline 801 \\ 534 \\ \hline 6141 \end{array}$$

(5)
$$\begin{array}{r} 64 \\ \times 56 \\ \hline 384 \\ 320 \\ \hline 3584 \end{array}$$

(6)
$$\begin{array}{r} 72 \\ \times 77 \\ \hline 504 \\ 504 \\ \hline 5544 \end{array}$$

(7)
$$\begin{array}{r} 85 \\ \times 38 \\ \hline 680 \\ 255 \\ \hline 3230 \end{array}$$

(8)
$$\begin{array}{r} 61 \\ \times 42 \\ \hline 122 \\ 244 \\ \hline 2562 \end{array}$$

(9)
$$\begin{array}{r} 92 \\ \times 78 \\ \hline 736 \\ 644 \\ \hline 7176 \end{array}$$

❷ かける数の1けた目が0なので、2けた目だけを計算します。

(1)	(2)	(3)
$\begin{array}{r}72\\ \times\,30\\ \hline 2160\end{array}$	$\begin{array}{r}96\\ \times\,40\\ \hline 3840\end{array}$	$\begin{array}{r}86\\ \times\,40\\ \hline 3440\end{array}$

❸ かけ算では、かけられる数とかける数を入れかえても同じ答えになります。

🔄(1) 2+4=6なので、$\frac{1}{7}$の6こ分です。

(2) 3+3=6なので、$\frac{1}{6}$の6こ分です。

(3) 2+1=3なので、$\frac{1}{5}$の3こ分です。

(4) 4+6=10なので、$\frac{1}{10}$の10こ分です。

---

73 2けたの数をかけるかけ算⑤ 147ページ

❶ (1)3872 (2)5124 (3)9515 (4)10626
(5)5313 (6)3813 (7)5184 (8)7227
(9)4043

❷ (1)3660 (2)4680 (3)7540 (4)7470
(5)32900 (6)40920
(7)10320 (8)25760
(9)21060

🔄 (1)$\frac{4}{9}$ (2)$\frac{3}{6}$ (3)$\frac{1}{10}$ (4)$\frac{5}{8}$

> まちがえたら、とき直しましょう。

◁)) **ポイント**

❶ 一の位からじゅんに計算しましょう。

(1)	(2)	(3)
$\begin{array}{r}121\\ \times\,32\\ \hline 242\\ 363\ \ \\ \hline 3872\end{array}$	$\begin{array}{r}244\\ \times\,21\\ \hline 244\\ 488\ \ \\ \hline 5124\end{array}$	$\begin{array}{r}865\\ \times\,11\\ \hline 865\\ 865\ \ \\ \hline 9515\end{array}$

(4)	(5)	(6)
$\begin{array}{r}322\\ \times\,33\\ \hline 966\\ 966\ \ \\ \hline 10626\end{array}$	$\begin{array}{r}231\\ \times\,23\\ \hline 693\\ 462\ \ \\ \hline 5313\end{array}$	$\begin{array}{r}123\\ \times\,31\\ \hline 123\\ 369\ \ \\ \hline 3813\end{array}$

(7)	(8)	(9)
$\begin{array}{r}432\\ \times\,12\\ \hline 864\\ 432\ \ \\ \hline 5184\end{array}$	$\begin{array}{r}657\\ \times\,11\\ \hline 657\\ 657\ \ \\ \hline 7227\end{array}$	$\begin{array}{r}311\\ \times\,13\\ \hline 933\\ 311\ \ \\ \hline 4043\end{array}$

❷ かける数の1けた目が0なので、2けた目だけを計算します。

(1)	(2)	(3)
$\begin{array}{r}122\\ \times\,30\\ \hline 3660\end{array}$	$\begin{array}{r}234\\ \times\,20\\ \hline 4680\end{array}$	$\begin{array}{r}754\\ \times\,10\\ \hline 7540\end{array}$

(4)	(5)	(6)
$\begin{array}{r}249\\ \times\,30\\ \hline 7470\end{array}$	$\begin{array}{r}658\\ \times\,50\\ \hline 32900\end{array}$	$\begin{array}{r}682\\ \times\,60\\ \hline 40920\end{array}$

(7)	(8)	(9)
$\begin{array}{r}258\\ \times\,40\\ \hline 10320\end{array}$	$\begin{array}{r}368\\ \times\,70\\ \hline 25760\end{array}$	$\begin{array}{r}234\\ \times\,90\\ \hline 21060\end{array}$

🔄(1) 7−3=4なので、$\frac{1}{9}$の4こ分です。

(2) 5−2=3なので、$\frac{1}{6}$の3こ分です。

(3) 5−4=1なので、$\frac{1}{10}$の1こ分です。

(4) 6−1=5なので、$\frac{1}{8}$の5こ分です。

---

74 2けたの数をかけるかけ算⑥ 149ページ

❶ (1)9831 (2)11184
(3)9639 (4)12012
(5)10464 (6)12312
(7)9300 (8)11016
(9)11124

❷ (1)46480 (2)46492
(3)43788 (4)51150
(5)20769 (6)65919

🔄 (1)$\frac{2}{10}$ (2)$\frac{1}{8}$ (3)$\frac{3}{7}$ (4)$\frac{1}{9}$

> まちがえたら、とき直しましょう。

◁)) **ポイント**

❶ くり上がりに注意しましょう。

(1)	(2)	(3)
$\begin{array}{r}113\\ \times\,87\\ \hline 791\\ 904\ \ \\ \hline 9831\end{array}$	$\begin{array}{r}233\\ \times\,48\\ \hline 1864\\ 932\ \ \\ \hline 11184\end{array}$	$\begin{array}{r}357\\ \times\,27\\ \hline 2499\\ 714\ \ \\ \hline 9639\end{array}$

(4)	(5)	(6)
$\begin{array}{r}429\\ \times\,28\\ \hline 3432\\ 858\ \ \\ \hline 12012\end{array}$	$\begin{array}{r}218\\ \times\,48\\ \hline 1744\\ 872\ \ \\ \hline 10464\end{array}$	$\begin{array}{r}648\\ \times\,19\\ \hline 5832\\ 648\ \ \\ \hline 12312\end{array}$

(7)	(8)	(9)
$\begin{array}{r}372\\ \times\,25\\ \hline 1860\\ 744\ \ \\ \hline 9300\end{array}$	$\begin{array}{r}408\\ \times\,27\\ \hline 2856\\ 816\ \ \\ \hline 11016\end{array}$	$\begin{array}{r}309\\ \times\,36\\ \hline 1854\\ 927\ \ \\ \hline 11124\end{array}$

② くり上がりに注意しましょう。

(1)
```
    830
×    56
  4980
 4150
 46480
```

(2)
```
    788
×    59
  7092
 3940
 46492
```

(3)
```
    534
×    82
  1068
 4272
 43788
```

(4)
```
    682
×    75
  3410
 4774
 51150
```

(5)
```
    483
×    43
  1449
 1932
 20769
```

(6)
```
    903
×    73
  2709
 6321
 65919
```

✑(1) 4−2＝2なので、$\frac{1}{10}$ の2こ分です。

(2) 4−3＝1なので、$\frac{1}{8}$ の1こ分です。

(3) 6−3＝3なので、$\frac{1}{7}$ の3こ分です。

(4) 3−2＝1なので、$\frac{1}{9}$ の1こ分です。

---

75 まとめのテスト⑪ 151ページ

❶ (1)6039 (2)2376 (3)2790

❷ (1)25872 (2)61198
(3)17756 (4)12096
(5)24920 (6)37666

❸ 式…60×24＝1440
答え…1440分

❹ 式…478×18＝8604
答え…8604g

❺ 式…374×36＝13464
答え…13464円

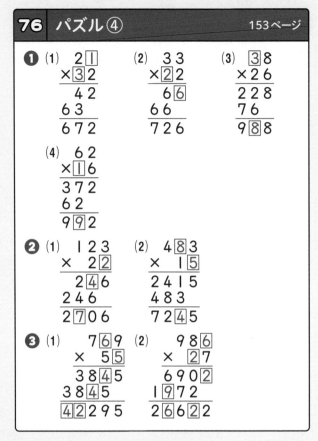

📢 **ポイント**

❶ くり上がりに注意しましょう。

(1)
```
     99
×    61
     99
  594
 6039
```

(2)
```
     44
×    54
    176
  220
 2376
```

(3)
```
     62
×    45
    310
  248
 2790
```

❷ くり上がりに注意しましょう。

(1)
```
    462
×    56
  2772
 2310
 25872
```

(2)
```
    827
×    74
  3308
 5789
 61198
```

(3)
```
    193
×    92
    386
 1737
 17756
```

(4)
```
    224
×    54
    896
 1120
 12096
```

(5)
```
    890
×    28
  7120
 1780
 24920
```

(6)
```
    509
×    74
  2036
 3563
 37666
```

❸ 1日は24時間で、1時間は60分です。

❹ 1この重さ×こ数＝全体の重さです。

❺ 1この代金×こ数＝全体の代金です。

---

76 パズル④ 153ページ

❶ (1)
```
    2⬜1
×   3⬜2
     42
   63
   672
```

(2)
```
     33
×   2⬜2
   6⬜6
  66
 726
```

(3)
```
    3⬜8
×    26
    228
   76
  9⬜8
```

(4)
```
     62
×   1⬜6
    372
  62
  9⬜2
```

❷ (1)
```
    123
×   2⬜2
   2⬜6
  246
 2⬜06
```

(2)
```
    4⬜3
×    15
  2415
  483
 72⬜5
```

❸ (1)
```
    769
×    55
  3⬜45
 3⬜45
 4⬜2⬜95
```

(2)
```
    9⬜6
×   2⬜7
  690⬜
 19⬜2
 26⬜2⬜2
```

📢 **ポイント**

❶～**❸** かけ算の答えをうめていくところと、かけ算の答えを見て、かける数やかけられる数をうめていくところがあります。かけ算の筆算の手じゅんにしたがって考えましょう。

❶ 式…□=12−8=4　答え…4
❷ 式…□=36÷4=9　答え…9
❸ (1)9　　(2)32　　(3)10　　(4)2
❹ (1)8　　(2)9　　(3)6　　(4)10

🔄 (1)416　　(2)736　　(3)594

まちがえたら、とき直しましょう。

🔊 ポイント
❶ たされる数＝答え−たす数です。
❷ かけられる数＝答え÷かける数です。
❸ (1)□=21−12=9
(2)□=45−13=32
(3)□=35−25=10
(4)□=35−33=2
❹ (1)□=16÷2=8
(2)□=63÷7=9
(3)□=60÷10=6
(4)□=120÷12=10
🔄 くり上がりに注意しましょう。

	(1)	(2)	(3)
	32	23	11
×	13	32	54
	96	46	44
	32	69	55
	416	736	594

❶ 式…□=18+6=24　答え…24
❷ 式…□=25−10=15　答え…15
❸ (1)22　　(2)52　　(3)56　　(4)63
❹ (1)11　　(2)18　　(3)6　　(4)12

🔄 (1)4875　　(2)4891　　(3)4582

まちがえたら、とき直しましょう。

🔊 ポイント
❶ ひかれる数＝答え＋ひく数です。
❷ ひく数＝ひかれる数−答えです。
❸ (1)□=13+9=22
(2)□=40+12=52
(3)□=45+11=56
(4)□=37+26=63
❹ (1)□=22−11=11
(2)□=26−8=18
(3)□=32−26=6
(4)□=48−36=12
🔄 くり上がりに注意しましょう。

	(1)	(2)	(3)
	65	73	58
×	75	67	79
	325	511	522
	455	438	406
	4875	4891	4582

❶ 式…□=9×4=36　答え…36
❷ 式…□=48÷16=3　答え…3
❸ (1)24　　(2)55　　(3)81　　(4)60
❹ (1)6　　(2)9　　(3)7　　(4)14

🔄 (1)37522　　(2)12151
(3)27063

まちがえたら、とき直しましょう。

🔊 ポイント
❶ わられる数＝答え×わる数です。
❷ わる数＝わられる数÷答えです。
❸ (1)□=12×2=24
(2)□=11×5=55
(3)□=9×9=81
(4)□=6×10=60
❹ (1)□=42÷7=6
(2)□=18÷2=9
(3)□=56÷8=7
(4)□=140÷10=14
🔄 くり上がりに注意しましょう。

	(1)	(2)	(3)
	514	419	291
×	73	29	93
	1542	3771	873
	3598	838	2619
	37522	12151	27063

80 まとめのテスト⑫ 161ページ

❶ (1)21　　(2)22
❷ (1)4　　(2)5
❸ (1)21　(2)80　(3)36　(4)10
❹ (1)30　(2)35　(3)9　(4)5
❺ (1)27－□＝16　(2)11
❻ (1)□×5＝40　(2)8

◁» ポイント

❶(1)□＝36－15＝21
(2)□＝48－26＝22
❷(1)□＝32÷8＝4
(2)□＝45÷9＝5
❸(1)□＝11＋10＝21
(2)□＝60＋20＝80
(3)□＝52－16＝36
(4)□＝45－35＝10
❹(1)□＝6×5＝30
(2)□＝5×7＝35
(3)□＝27÷3＝9
(4)□＝200÷40＝5
❺はるとさんのカード－弟にあげたカード＝のこりのカードのまい数です。
❻1列の児童の数×列の数＝クラスの児童の数です。

81 そうふく習＋先取り① 163ページ

❶ (1)1823　(2)857　(3)1734
　(4)397　(5)549　(6)238
❷ (1)5057　　(2)10165
　(3)8017　　(4)7367
　(5)1212　　(6)2755
❸ (1)236　(2)9、21　(3)144　(4)5、11
❹ (1)57121　　(2)99117
　(3)64742　　(4)34926

◁» ポイント

❶ くり上がり、くり下がりに注意しましょう。

(1)　944
　＋879
　1823

(2)　660
　＋197
　　857

(3)　986
　＋748
　1734

(4)　709
　－312
　　397

(5)　827
　－278
　　549

(6)　765
　－527
　　238

❷ くり上がり、くり下がりに注意しましょう。

(1)　3589
　＋1468
　　5057

(2)　5666
　＋4499
　10165

(3)　2734
　＋5283
　　8017

(4)　8904
　－1537
　　7367

(5)　4704
　－3492
　　1212

(6)　5322
　－2567
　　2755

❸1時間＝60分、1分＝60秒です。
❹5けたのたし算・ひき算は4年生の学習内ようですが、4けたのたし算・ひき算と同じように計算できます。くり上がり、くり下がりに注意しましょう。

(1)　38560
　＋18561
　　57121

(2)　45735
　＋53382
　　99117

(3)　77488
　－12746
　　64742

(4)　50314
　－15388
　　34926

82 そうふく習＋先取り② 165ページ

❶ (1)6723　(2)825　(3)5312
❷ (1)27840　　(2)29337
　(3)19300　　(4)20878
　(5)34706　　(6)56868
❸ (1)10、800　(2)700
　(3)12、100　(4)6、400
　(5)12、200
❹ (1)25424　　(2)14742
　(3)10192　　(4)31878

◁» ポイント

❶ くり上がりに注意しましょう。

(1)　　81
　　×83
　　243
　　648
　6723

(2)　　55
　　×15
　　275
　　55
　　825

(3)　　64
　　×83
　　192
　　512
　5312

❷ くり上がりに注意しましょう。

(1)　　435
　　×　64
　　1740
　2610
　27840

(2)　　889
　　×　33
　　2667
　2667
　29337

(3)　　772
　　×　25
　　3860
　1544
　19300

$$
\begin{array}{r}
(4)\ 286 \\
\times\ \ 73 \\
\hline
858 \\
2002 \\
\hline
20878
\end{array}
\qquad
\begin{array}{r}
(5)\ 938 \\
\times\ \ 37 \\
\hline
6566 \\
2814 \\
\hline
34706
\end{array}
\qquad
\begin{array}{r}
(6)\ 677 \\
\times\ \ 84 \\
\hline
2708 \\
5416 \\
\hline
56868
\end{array}
$$

❸ 1km＝1000mです。

❹ 4けたと1けたのかけ算は4年生の学習内ようですが、3けたと1けたのかけ算と同じように計算できます。くり上がりに注意しましょう。

$$
\begin{array}{r}
(1)\ 6356 \\
\times\ \ \ \ \ 4 \\
\hline
25424
\end{array}
\qquad
\begin{array}{r}
(2)\ 1638 \\
\times\ \ \ \ \ 9 \\
\hline
14742
\end{array}
$$

$$
\begin{array}{r}
(3)\ 1274 \\
\times\ \ \ \ \ 8 \\
\hline
10192
\end{array}
\qquad
\begin{array}{r}
(4)\ 4554 \\
\times\ \ \ \ \ 7 \\
\hline
31878
\end{array}
$$

83 そうふく習＋先取り③　　167ページ

❶ (1)68.5　(2)133.2　(3)84　(4)26.1
　(5)23.8　(6)29

❷ (1)$\dfrac{7}{8}$　(2)$\dfrac{2}{9}$　(3)$\dfrac{5}{6}$　(4)$\dfrac{2}{7}$
　(5)$\dfrac{6}{7}$　(6)$\dfrac{4}{8}$　(7)$\dfrac{8}{9}$　(8)$\dfrac{2}{7}$

❸ (1)12、600　　(2)1、600
　(3)11　　　　　(4)2、300

❹ (1)$\dfrac{4}{3}$　(2)$\dfrac{3}{6}$　(3)$\dfrac{7}{5}$　(4)$\dfrac{7}{8}$
　(5)$\dfrac{7}{4}$　(6)$\dfrac{10}{9}$

◁» ポイント

❶ くり上がり、くり下がりに注意しましょう。

$$
\begin{array}{r}
(1)\ 40.4 \\
+28.1 \\
\hline
68.5
\end{array}
\qquad
\begin{array}{r}
(2)\ 75.9 \\
+57.3 \\
\hline
133.2
\end{array}
\qquad
\begin{array}{r}
(3)\ 37.3 \\
+46.7 \\
\hline
84.0
\end{array}
$$

$$
\begin{array}{r}
(4)\ 43.8 \\
-17.7 \\
\hline
26.1
\end{array}
\qquad
\begin{array}{r}
(5)\ 73.5 \\
-49.7 \\
\hline
23.8
\end{array}
\qquad
\begin{array}{r}
(6)\ 52.7 \\
-23.7 \\
\hline
29.0
\end{array}
$$

❷ (1)5＋2＝7なので、$\dfrac{1}{8}$の7こ分です。

(2)3−1＝2なので、$\dfrac{1}{9}$の2こ分です。

(3)1＋4＝5なので、$\dfrac{1}{6}$の5こ分です。

(4)5−3＝2なので、$\dfrac{1}{7}$の2こ分です。

(5)3＋3＝6なので、$\dfrac{1}{7}$の6こ分です。

(6)6−2＝4なので、$\dfrac{1}{8}$の4こ分です。

(7)3＋5＝8なので、$\dfrac{1}{9}$の8こ分です。

(8)4−2＝2なので、$\dfrac{1}{7}$の2こ分です。

❸ 1kg＝1000g、1t＝1000kgです。

❹ 分子が分母より大きい仮分数は4年生の学習内ようですが、計算は、分子が分母より小さい分数と同じようにできます。

(1)2＋2＝4なので、$\dfrac{1}{3}$の4こ分です。

(2)8−5＝3なので、$\dfrac{1}{6}$の3こ分です。

(3)4＋3＝7なので、$\dfrac{1}{5}$の7こ分です。

---

(4)14−7＝7なので、$\dfrac{1}{8}$の7こ分です。

(5)5＋2＝7なので、$\dfrac{1}{4}$の7こ分です。

(6)15−5＝10なので、$\dfrac{1}{9}$の10こ分です。